經營顧問叢書 ㉜

電子郵件成功技巧

任賢旺　編著

憲業企管顧問有限公司　　發行

《電子郵件成功技巧》

序 言

電子郵件(E-mail)自問世以來，一直是網路應用最廣的服務。電子郵件行銷能夠充分利用電子郵件的優勢，具有覆蓋範圍廣、溝通速度快、操作簡單、成本低廉、針對性強、用戶回饋率高、易於客觀衡量行銷效果、便於和其他行銷方式相互結合等諸多優點。

電子郵件行銷在美國已經發展成爲一個正逐漸成爲第一大行銷手段。製造商、零售商、批發商，甚至銀行和律師事務所，都設立了相應的電子郵件行銷部門。電子郵件行銷不但已經與網路購物、網頁流覽、網上聊天、視頻網站等一系列互聯網服務有機地結合在一起，甚至與傳統的電視廣告、商店購物和現場行銷活動相結合，成爲日常生活中不可或缺的一部分。

大多數企業不清楚電子郵件行銷的潛在價值，沒有給予應有的重視。如果企業能夠提前意識到電子郵件行銷的潛在價值，搶先佔領市場，就能在未來激烈的競爭中占得天時之利。儘早學習國外先進的技術理念和行銷策略，就能夠先別人一步，佔據行業領軍地位，培養自己的核心競爭力。

電子郵件作為一種通信工具，是一個革命性的創新。本書幫助您全面理解電子郵件的巨大行銷價值，致力於拓展您的視野，展示這種通信媒體所能夠帶來的無限商業機會。縱覽全書，我們提供了大量的實際案例、調查分析、注意事項清單，來幫助您打造行銷計劃。

本書結構巧妙，不管是職場新人還是行業老手，都能夠深刻地瞭解到電子郵件行銷的精髓和魅力。由於電子郵件行銷人員需要許多領域的專業知識，我們以一種獨特的方法組織全書，從頭到尾教導您如何設計並執行成功的電子郵件行銷。在閱讀中，您可以將遇到的問題，與本書提供的建議進行比對。本書的目標，是讓您在行銷中取得成功，成爲最好的電子郵件行銷人員。

本書是電子行銷專家的多年成功經驗，可幫助您解決實踐中遇到的問題，提供各種有用的資訊，以滿足您的各種需求。本書的內容與實際商業活動緊密聯繫，提供真實的成功案例和失敗案例，可以提供讀者學習，避免犯錯。

《電子郵件成功技巧》

目 錄

第 1 章

電子郵件行銷概論

電子郵件是最受歡迎的一種非同步通信方式，每天全球都有成千上萬的人利用它進行聯絡。在美國，消費者的上網時間和看電視時間一樣多。在 Internet 提供給我們如此深入人心的種種便利中，個人使用網路的主要活動就是利用電子郵件進行溝通。

第一節　電子郵件的興起

電子郵件是一種進步，是我們生活中不可或缺的一部份。隨著 Internet 的來臨，電子郵件的普及程度大大提高，在很大程度上突破了全球通信障礙的壁壘，爲我們建立了一條連接家庭、朋友和社區的十分重要的通信管道。電子郵件是一種高效的批量信息發佈方法。電子郵件同時提供了一種簡便的、一對一的私人對話方式。

電子郵件是最受歡迎的一種非同步通信方式，每天全球都有成千上萬的人利用它進行聯絡。在美國，消費者上網的時間和看電視的時間一樣多。在 Internet 提供給我們如此深入人心的種種便利中，個人使用 Internet 的主要活動就是利用電子郵件進行溝通。全美 87%的消費者表示電子郵件是他們使用 Internet 的首要原因。

很多人擁有兩個電子郵件賬戶，這說明人們需要不止一個電子郵件位址。電子郵件的普及性可以從一個人每天收到的信件數量看出來。

在美國，一個電子郵件用戶在他的第一私人用收件箱中，平均每天接收到 41 封電子郵件，37%的用戶宣稱他們每天收到 31 封以上的信件。根據他們每天收到信件的構成可以看出，電子郵件用戶在他們的第一私人用收件箱中，收到的推銷性質信件平均達到所有信件的 10%，在這個數字上還應當再加上他們每週工作中要收到的上百封郵件。

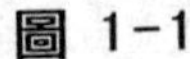

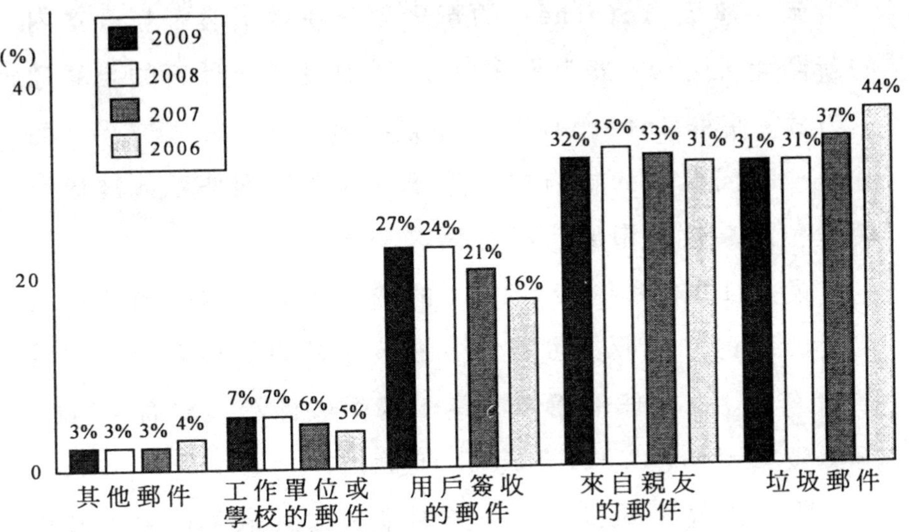

從這個統計中可以看出，用戶簽收的郵件在消費者第一私人用收件箱中的比率持續上升，而垃圾郵件在收件箱中的比例在下降。根據研究數據，用戶簽收的郵件，也就是消費者明確同意接收的信件，在 2003 年佔收件箱所有信件的 16%，在 2006 年上升到了 27%。在這段時間中，垃圾郵件的比率從 44%下降到 31%。

電子郵件大大提高了我們的生活效率。它讓我們能夠在網上確認我們所購買的商品，或者與商家直接聯繫。在美國，網路零售消費額在 2012 年達到 2150 億美元。屆時將會產生 50 億美元的售前及售後電子郵件合約訂單，消費者可以方便地完成交易，電子郵件將成爲一種高效的客戶服務形式，客戶不再需要打電話給客服人員了。因此，電子郵件所帶來的價值絕對不可忽視。

個人連接 Internet 的新現象很快就引發了辦公室內的新話題，比如「您上網了嗎」，這引發了一種新的全球通信方式，使得 Internet 不僅僅是一種私人的交流工具，而且是一種商業的通信方式。電子郵件行銷很快就成爲最有前途和最高效的市場行銷行爲之一。

最近 10 年，在 Internet 的經濟領域，電子郵件行銷己發展成爲一種最具可塑性、最被需要的工具之一。截至 2007 年 8 月，全球使用中的電子郵件收件箱大約有 12 億。這個數字預期在 2011 年達到 16 億。

電子郵件行銷行業尚在發展中，而且這個行業十分年輕。從現在起步，投身電子郵件行銷行業並不晚，您可以快速完成電子郵件行銷的學習過程。

心得欄 --

第二節　電子郵件行銷的優勢

電子郵件行銷是 Internet 上出現最早的商業活動。儘管最初的電子郵件行銷在現今看來是製造垃圾郵件，但當初對 Internet 造成的衝擊及啓示，都是革命性的。

一、連續推銷的機會

讓我們首先想像一個場景，一個流覽者，即潛在客戶，通過搜索引擎來到你的網站，他正在尋找某種商品，而你的網站正好提供這個商品。用戶流覽了你的網站首頁和產品頁，很感興趣，但並不很肯定要在你的網站購買。貨比三家嘛，這在什麼時候都非常正常。用戶想再看看其他網站，所以又回到了搜索引擎。

但十分可惜的是，這個用戶極有可能永遠不會再回到你的網站了。

一般用戶很可能不記得自己是通過搜索什麼關鍵詞，單擊了那個鏈結，去過那個網站。流覽者一旦離開特定網站，再次進入的幾率就很低，除非你的網站已經是業內有名的品牌，四處有你網站的消息和鏈結。

在正常情況下，一般電子商務網站的轉化率爲 1%，換句話說，一般情況下，99%的潛在客戶來到你的網站，沒買東西就離開，以後再也不會回來了。這對在此之前所有網站推廣的成效實在是一個浪費。

我們再想像另外一個場景，一個流覽者來到你的網站，他想買某種商品或有個問題要解決，你的網站剛好能滿足他的要求。不過畢竟是第一次來，用戶雖然感興趣，但 99%的可能性是並不會馬上購買。如果你的網站「剛好」提供一個電子雜誌，並且註冊電子雜誌的用戶可以得到十元優惠券，外加免費電子書，而電子書討論的話題正是這個潛在用戶想解決的問題。順其自然，用戶填上名字和郵件地址，得到優惠券及電子書。作爲網站運營者的你，拿到潛在客戶的電子郵件位址，也就拿到後續溝通、不斷提醒潛在用戶存在的權利。用戶通過你發給他的電子書，以及電子雜誌中的小竅門、行業新聞、節日問候等更加信任你和你的網站。並且由於這些重覆的提醒，讓潛在客戶記住了你的網站。當他決定要買這個商品時，你的網站就在他的備選網站的最前面。

如果網站設計及電子雜誌策劃得當，註冊電子雜誌的轉化率達到 20%左右也是常見的。相對於 1%的銷售轉化率，通過電子郵件行銷將極大地提高最終銷售的轉化率。

二、幾乎完美的行銷管道

電子郵件行銷之所以效果出眾，甚至造成垃圾郵件橫行，最重要的原因之一是成本十分低廉。只要有郵件服務器，聯繫 10 個用戶與聯繫成千上萬個用戶，成本幾乎沒什麼區別。當然如果你要發上百萬封郵件，情況就不同了，因爲需要專用的服務器及非常大的帶寬。

相比其他網路行銷手法，電子郵件行銷也十分快速。搜索引擎優化需要幾個月，甚至幾年的努力，才能充分發揮效果。博客行銷更是需要時間，以及大量的文章。社會化網路行銷需要花時間參與社區活動，建立廣泛關係網。而只有電子郵件行銷，只要有郵件數據庫在手，發送郵件後幾小時之內就會看到效果，產生訂單。

許可式電子郵件行銷的對象是最精準、最有可能轉化爲付費客戶的一群人。其他網路行銷手法獲得的用戶大多是以隨意流覽的心態進入你的網站，並不是非常主動的。而許可式電子郵件則不同，凡進入郵件數據庫的都是主動填寫表格，主動要求你發送相關信息給他們的一群人。在經過幾封郵件的聯繫後，只要你發送的信息對用戶有幫助，他們將變成一群忠誠的訂閱者。還有什麼比這樣的一群潛在客戶更可貴呢？電子郵件行銷還使網站行銷人員能長期與訂戶保持聯繫。訂閱者連續幾年看同一份電子雜誌是很常見的。

Internet 上信息令人眼花繚亂，多不勝數。能數年保持與同一個訂戶的固定聯繫，在當今的 Internet 上是十分難能可貴的財富。以這種方式建立的強烈信任和品牌價值是很少有其他網路行銷方式能夠達到的。網站有任何新產品，或有打折促銷活動，都能及時傳達給這批長期訂戶，銷售轉化率也比隨機來到網站的用戶高得多。花費廣告預算，把時間、精力投入到網路行銷中，用戶來到你的網站，不能直接轉化爲用戶，行銷人員也沒有獲得持續聯繫的機會的話，浪費不可說不大。許可式電子郵件行銷就是抓住潛在用戶，獲得後續聯繫機會的最佳方式。

心得欄 ------------------------------------

第三節　電子郵件的五大類型

單單只是加強商業上的戰術運用是不會顯著提高電子郵件行銷的成效的。首先需要深入理解自己爲什麼要投身於電子郵件行銷的競爭中，什麼樣的信息才能真正得到客戶的認同。您還需要明白怎麼做才能讓客戶不僅認同您發送的郵件信息，並且用實際行動來執行它。

爲了贏得銷售的成功，你要去瞭解電子郵件的 5 種主要類型。

- 引起關注類；
- 引發考慮類；
- 意向轉變類；
- 用戶回饋類；
- 品牌忠誠類。

在消費者接受品牌的全過程中，每一種類型的電子郵件都起著關鍵性作用，每一種類型的電子郵件都刺激著消費者做出相應舉措。只有當您真正明白爲什麼要給特定的消費者發送郵件後，您才能夠有效地選擇恰當類型的郵件。

表 1-1 電子郵件的功能

類型	溝通目標	電子郵件目的	郵件使用的例子
引起關注類	通過引發消費者的想像讓某公司得到關注	通過網路管道或一般管道讓客戶初步瞭解產品的優點	在電子郵件出版物以及其他以電子郵件爲媒體的介質上附加廣告，或者採用共同註冊的方法向用戶發送具有高品牌價值息
引發考慮類	通過向客戶不斷宣傳產品對他們直觀的好處,使某公司進入客戶的考慮範圍	通過宣傳產品優點，增強客戶的購買慾望	讓客戶感興趣，讓他們同意接收您的宣傳郵件。通過電子郵件，加速用戶進入下一個環節
意向轉變類	進一步讓客戶接近消費	讓客戶前往消費管道（比如客服中心）	在電子郵件中加入一個超連結，讓單擊鏈結的客戶轉到產品服務中心
用戶回饋類	讓客戶對其他週邊產品和服務感興趣	向品牌深入，加強宣傳，進入交叉銷售和追加銷售階段	基於商業規則，動態變化電子郵件銷售策略
品牌忠誠類	加強和加深關係,以便進行下一件產品的推銷	爲獲取客戶終身價值，培育和深化與客戶的聯繫	通過電子郵件發送帶有附加值的信息，例如爲汽車商提供冬季駕駛的小貼士

一、「引起關注」的電子郵件

如果您發送郵件的最終目標不是銷售商品，而是讓客戶瞭解您的品牌、產品和服務，那麼，無論是細節、創新方式、傳單設計、宣傳口號甚至是報告分析，電子郵件行銷的方方面面都會發生巨大變化。以用戶瞭解產品為指向的電子郵件常常不會單獨起作用。它們的作用是驅使消費者無論是在網上還是網下都主動去流覽產品的相關信息，從而被品牌和產品所吸引。

蘋果(Apple)公司在這方面做得很好。近年來，蘋果公司發佈了其最新版本的 iPhone 手機。您從這個電子郵件的創意中可以看出 iPhone 手機在一個月內還不能發行。因此，這個郵件的主旨只是讓消費者瞭解這個他們可能感興趣的產品，並向消費者灌輸以後會有更多的關於 iPhone 手機的消息到來。這樣消費者對未來收到的相關信息就會有更好的接受度。

二、「引發考慮」的電子郵件

通常當您的產品或服務向消費者展示多次後，消費者便會留意這些產品和服務。這時候，您需要準備一種新的電子郵件了，一種能夠使消費者對產品產生思考的郵件。不同於使消費者對產品產生印象的郵件，讓消費者考慮再三的郵件包含了一些引導性的信息，促使消費者主動產生購買願望或者是嘗試的想法。這類郵件著重介紹產品某些特別的優點。在很多情況下，這種郵件使得消費者開始思考這個產品是否就是自己真正需要的東西。

某公司專門出版電子類刊物，致力於讓讀者能在移動環境中閱讀電子期刊。每當出版一本新的電子讀物時，他們總是利用電子郵件將讀物免費發放到讀者手中，以供他們嘗試。這種郵件的目的是引起讀者關注，讓讀者思考這種新的閱讀出版物的方式。

三、「意向轉變」的電子郵件

致力於轉變消費者購買意向的郵件，是除私人信件外，消費者收到的最頻繁的電子郵件。

意向轉變類郵件是一般商人使用最多、最下功夫的電子郵件，諸如包含「現在就購買」、「今天就註冊」等信息的郵件。但是作爲電子郵件行銷者，您要當心了！當您計算投資回報時，您會發現這類郵件的表現最糟糕。意向轉變類郵件通常在消費者有購買慾望的情況下有很好的效果，但是在其他任何時候，向消費者發送這類郵件將存在很大的風險。客戶很可能在收到此類郵件後，對您的公司敬而遠之。

絕大多數善於發送意向轉變類郵件的公司不是擁有名氣很大的產品或服務，就是時常提供打折促銷或營造衝動購買等活動。信息目錄公司一般都會發送這類郵件給曾經購買過相關信息目錄的客戶。旅遊業及休閒業公司也經常發送這類郵件，期望能夠吸引那些碰巧有消費慾望的人群。

四、「用戶回饋」的電子郵件

當銷售完成後，許多電子郵件行銷者變得懶惰起來甚至停止工作，或者把發郵件的責任推給公司其他部門來做。

例如，當您從亞馬遜網站(Amazon)購買產品後，馬上就會收到一封確認郵件。在郵件中會介紹一些與您已購買的產品類似的商品。一週後，您又會收到一封郵件來調查您對產品的滿意程度，再次「稍稍」向您介紹一些其他「您或許喜歡」的商品。這種十分精明的以服務爲導向的電子郵件交叉銷售方式，所獲得的成效是您無法想像的。

概括起來就是，當消費者購買了您的商品後，他們會使用它。不管他們是否喜歡這個產品，他們都希望談論他們的這次購買經歷，而且多數喜歡在網上談論。您的最佳生財之道，就是使這種交流以及它的影響公開化，將它作爲一種資本。在消費者使用商品的過程中，通過發送電子郵件這一方法，緩解那些不滿者的情緒，擴大支持者的數量及其影響力。

沒有比亞馬遜公司在這個領域幹得更出色的公司了，它不僅確認了一次交易，而且還邀請客戶進行回饋，同時還包含了鼓勵客戶進行交叉購買的信息。意向轉變類郵件，可以在客戶與公司之間創造一種真正的互利互惠關係。如果您能在客戶剛買到商品的好心情階段，配合上這種意向轉變類郵件，那麼您和客戶就能獲得雙贏。

五、「品牌忠誠」的電子郵件

就像用戶回饋類郵件一樣，品牌忠誠類郵件只有當交易完成後才會被發送。不同之處在於，用戶回饋類郵件驅使用戶去使用他們剛剛購買的產品或服務，然後利用郵件鼓勵用戶和家人及朋友分享自己的使用感受。這是利用客戶剛剛購買他們所喜歡的商品時產生的興奮感作爲資本進行病毒式行銷。但是，品牌忠誠類郵件的生命週期則要更長一些。它需要客戶與商品或服務之間保持足夠長的聯繫時間，直到您認爲可以停止或者一直保持到下一次購買行爲發生爲止。

這種類型的郵件有多重要呢？有一點是確定的：就您的客戶每天收到眾多封郵件這一事實來看，您需要品牌忠誠類郵件，以便讓您的品牌被客戶們記住。

品牌忠誠類郵件的角色很簡單：讓您的公司和公司理念在客戶心中佔有第一位置。品牌忠誠類郵件常被稱作電子時事信件，品牌忠誠類郵件不是簡單地推銷，它是以讚美的方式進行宣傳！

在女性時尚電子雜誌 VIV的每期雜誌中，品牌忠誠類郵件做得都相當好。

第四節　理解電子郵件的經濟效應

電子郵件不但可以提高網上的銷售量，而且能夠提高網下的交易量。雖然許多市場調研人員致力於研究通過諸如網路、商店、電視廣告等其他途徑所帶來的銷售回報，但在美國，電子郵件其實是近年來市場的終極影響者。

目前對公司而言，電子郵件是性價比最高的行銷媒介。如果行銷人員按照客戶的以往行爲對客戶進行分類，對不同的用戶發送特定的電子郵件行銷信息，相對於其他行銷人員只是簡單地對客戶群發相同的郵件，前者的盈利是後者的 9 倍。市場部主管報告，在電子郵件行銷上投入 1 美元，便會帶來 48 美元以上的收益。2008 年另外一項由戴特媒體公司(Datran Media)開展的調查顯示：80%的行銷人員認爲電子郵件是一種遠比廣告更好的行銷媒介。

電子郵件不僅可以爲公司創造收入，它還能減少公司的運營花銷。

比如，股票經紀業人發現，利用電子郵件在接到市場電話 90 分鐘內向客戶發送每日收盤損益總結，可以大量減少尋呼台接到的電話數量。他向客戶發送成百上千封電子郵件，包括關於他們所持股份的細節和相關證券的新聞。自從開始這項改革，他減少了電話量(每條通話成本 5～10

美元），並且增長了他的在線客戶 30%的收益。截止到今天，這項計劃每年每客戶爲公司增加了 635 美元的收益。

這項改革爲他增加了收入。更重要的是，電子郵件的使用還在極大程度上降低了公司的成本支撐，這比單純的收入增加更加令人振奮。爲了更好地瞭解在電子郵件市場行銷中我們應該投入多少資本、採用何種策略，首先需要認識一下一封電子郵件能夠爲公司帶來多大的經濟效益。

下面介紹幾種常見方法。

1. 用獲取郵件位址的成本來衡量它的價值

最簡單的計算方法就是利用獲取一個電子郵件位址的成本來確定這個位址的價值，將成本看作一種潛在的投資回報可以大致告訴您那條郵件位址的價值。

2. 用每個客戶的價值來衡量郵件位址的價值

調查客戶本身的經濟價值是另外一種郵件位址定價的常用方法。郵件位址擁有者每年的支出可以很好反映出他們的購買能力。將電子郵件行銷所產生的收益除以郵件位址總數可以得到每個郵件位址所帶來的盈利數額。您可以用它作爲確定每個郵件位址價值的指數。

第五節　許可式電子郵件行銷

要正確進行電子郵件行銷，我們必須先瞭解什麼是許可式電子郵件行銷？什麼又是垃圾郵件？

一、許可式郵件

許可式(opt-in)電子郵件行銷指的是用戶主動要求你發郵件及相關信息給他。凡是用戶沒有主動要求接收郵件的都不是許可式電子郵件行銷，也不建議讀者使用。最常見的用戶要求接收郵件的方式是在網站上填寫註冊表格，訂閱電子雜誌。網站必須非常清楚地標明，用戶填寫這個表格就意味著要求網站發郵件給他們，並且同意網站的使用條款和隱私權政策。

簡單填寫註冊表格還有一定的風險，我們可以把它稱爲單次選擇進入方式(singleopt-in)。現在越來越多電子郵件行銷使用者傾向於使用雙重選擇性進入方式(doubleopt-in)，也就是說用戶填寫註冊表格後會收到一封自動確認郵件，用戶的電子郵件位址還沒有正式進入數據庫。確認郵件中會有一個確認鏈結，只有在用戶單擊了確認鏈結後，他的郵件位址才正式進入數據庫，完成訂閱過程。

由於確認郵件只有郵件位址所有人本人才能看到和點擊確認鏈結，這就避免了其他人惡作劇、拼寫錯誤，或競爭對手陷害等情況下在註冊表格中塡寫了錯誤的電子郵件位址。

雙重進入選擇才是現在最保險的許可式電子郵件行銷方式。雖然雙重進入選擇會在一定程度上降低訂閱率，但是也可以相應地降低退訂率，提高郵件數據庫品質。

二、垃圾郵件

與許可式電子郵件行銷相對應的，就是垃圾郵件。這些指用戶沒有主動要求寄發的郵件。

所有使用電子郵件的人現在都收到越來越多的垃圾郵件。垃圾郵件儼然成爲 Internet 上耗費資源、耗費他人時間精力的公害。在一些國家地區，發送垃圾郵件已經被法律明確界定爲違法。比如在美國都有相關法律規定，也已經有因爲發送垃圾郵件而被罰得傾家蕩產的案例。

垃圾郵件的判定標準主要是兩條：一是收信人沒有主動要求。許可式電子郵件行銷必須是在收件人主動註冊，要求收到 E-mail 的前提下。二是郵件內容帶有商業推廣性質，也就是說，在郵件中嘗試向收件人推廣和銷售某種產品的才構成垃圾郵件。例如你流覽某個網站，對網站商品有疑問，發郵件給站長或列在「聯繫我們」網頁上的電子郵件位址的情況，不能算作垃圾郵件。雖然對方並沒有主動要求你寄 E-mail 給他，但你的郵件沒有商業推廣性質。正相反，你是想買東西，而不是賣東西。

還有一個有助於判斷是否為垃圾郵件的特徵是，郵件是同時發送給大量收件人，還是少量一封一封發給收件人？同時大量發給一個數據庫中的收件人，往往是垃圾郵件。但如果只是發給幾個人，而且內容不相同，比如是希望與對方進行商業合作，這一般也不算是垃圾郵件。

發送垃圾郵件除了有法律上的問題之外，還會對自己的網站，甚至上網接入服務，產生致命損害，尤其是英文網站。接收到垃圾郵件的收信人可以很方便地向 ISP(上網接入服務商)及反垃圾組織報告。絕大部份 ISP 和服務器提供商對發送垃圾郵件都是嚴格禁止的，並會採取相關行動，一經確認是垃圾郵件，會停止網站賬戶或上網服務。反垃圾組織會把發送垃圾郵件的人的 IP 地址，以及域名放入垃圾郵件黑名單供全世界 ISP 使用，造成今後的郵件被其他 ISP 拒收。

發送垃圾郵件既是一件違法的事，又要冒著喪失自己域名和網站，甚至上網服務的風險，而且造成收件人時間、精力上的浪費，以及整個網路帶寬的浪費，是一件非常不道德的事。

最典型的垃圾郵件就是從那些本身就是垃圾郵件的出

售電子郵件位址數據庫的郵件，相信讀者們都收到過這樣的垃圾郵件。

還有幾種情況，很多人誤以爲不算垃圾郵件，但其實也是垃圾郵件。比如在展銷會上設置公司展臺、發送小禮品或資料、要領取禮品和資料的人，必須留下名片。估計大家都很熟悉在各種展覽會上常見的像透明魚缸一樣的收集名片的器皿。結束展會後，公司回去就把這些名片上的郵件位址輸入數據庫，開始發 E-mail。請注意，這也是發垃圾郵件。參加展會的人留下名片是爲了索取資料或紀念品，並沒有授權你發任何郵件給他。公司業務人員參加各種社交活動，與各色人等交換名片，回到公司後統一錄入數據庫，當成自己的電子郵件行銷數據庫。交換名片並不意味人家訂閱了你的電子雜誌，也沒有授權你發郵件給他。

網路行銷人員去各個論壇、社會化網站，或其他任何找得到 E-mail 位址的網站，收集記錄下電子郵件位址。或者乾脆買個小程序，自動去採集網路上的電子郵件位址，然後不管三七二十一，就向收集到的電子郵件位址發廣告。這和買一張郵件位址光碟數據庫沒什麼區別，也是最典型的垃圾郵件。

公司隸屬於某個行業協會或者某個地區企業家俱樂部。公司老闆與協會或俱樂部主席關係不錯，拿到了所有協會會員名單及電子郵件位址，交給網路行銷人員當成自己的郵件列表。這也是垃圾郵件。就算你們都同屬一個行業協會，就算你們都挺熟，也不意味著人家授權你發E-mail給他。

如果判斷不清某種情況是否屬於垃圾郵件，參考標準是用戶有否主動要求接收郵件，並且你是否能提供明確證據？是否郵件內容和賣東西有關？

隨著RSS行銷、博客行銷等的發展，及時傳達信息給用戶已經不限於使用電子郵件。但是調查說明，電子郵件行銷依然是網路行銷最有效的手段。Shop.org所做的調查說明，86%的網上零售商認爲電子郵件行銷最有效，58%認爲搜索引擎行銷最有效，50%認爲連署計劃有效。消費者調查顯示，使用電子郵件行銷的網上零售網站能達到 6%～73%的銷售轉化率。相比之下，沒有電子郵件行銷的網站平均轉化率在 1%左右。

心得欄________________________________

____

____

____

____

____

第六節　電子雜誌訂閱過程

在談論電子郵件行銷時，對電子雜誌、郵件列表等詞的使用比較隨意。基本上這兩個詞對我來說可以互用，無論把它叫做電子雜誌、郵件列表、電子期刊、會員通訊、新聞快報，還是什麼其他名字，本質上都是一回事。簡單地說就是訂閱者給你電子郵件位址，你給他發郵件。至於叫什麼名字，只是看這些郵件的內容更偏向那種。如果是定期的文章，叫電子雜誌更合適。如果是公司新產品，可能叫購物指南更合適。不管叫什麼名字，其運作方式是完全一樣的。所以這裏所說的電子雜誌訂閱過程，只是選一個自己最喜歡的名稱而已，完全適用於其他電子郵件行銷方式。

一、填寫註冊表格

第一步是用戶填寫在線表格，通常只要填寫姓名及電子郵件位址。怎樣吸引網站流覽者填寫表格才是大問題。

在表格下方應該以鏈結形式列出隱私權政策，用戶點擊鏈結後彈出新視窗，詳細介紹本電子雜誌的隱私權政策，包括絕不向第三方透露和出售訂閱者任何信息，填寫訂閱表格就意味著訂閱者要求收到電子郵件。

註冊表格可以考慮允許訂戶選擇是訂閱 HTML 版本，還是訂閱純文字版本。現在幾乎所有用戶使用的郵件軟體，無論是用戶端軟體，還是 Webmail，都支援 HTML 版本。不過有時訂閱者更喜歡看純文字版，因爲更簡單，下載時間更短。有的用戶把用戶端軟體設置成不顯示圖片，很多 Webmail 的默認設置也是不顯示圖片，需要用戶單擊「顯示圖片」按鈕後才顯示出圖片。

所以可以讓用戶選擇想收到那種格式郵件。統計數字說明，有 10%～15%的用戶會選擇純文本格式。

郵件格式的選擇是一個選項，現在所有郵件軟體都支援 HTML 格式，電子郵件行銷系統應以 MIME 格式含有 HTML 版本及純文本版本。當用戶郵件軟體支援 HTML 時自動顯示 HTML 版本，如果因爲某種原因不支持 HTML 版本，則純文本版本會被自動顯示。雖然沒有給用戶選擇，但是有利於以更加完善的視覺形式把郵件展示給更多人。只要 HTML 版本設計得不是很複雜，沒有包含大量圖片，整個郵件大小控制在幾十 K 以下，以 MIME 格式發送郵件的效果更好。

二、確認註冊表格

第二步是用戶提交註冊表格後，電子郵件行銷系統程序將記錄訂戶姓名，電子郵件位址，訪問 IP 地址及準確時間，並發送雙重選擇性加入確認郵件，然後向訂閱者顯示感謝頁面。在感謝頁面上有幾個內容非常重要：

⑴確認註冊表格已提交成功。

⑵強烈建議訂閱者立即查 E-mail，尋找確認郵件。用戶必須單擊確認郵件中的確認鏈結後，才正式完成註冊手續。

⑶提醒訂戶把網站域名列入自己郵件程序的白名單。這一點也相當重要，否則可能發給訂戶的郵件都被過濾到垃圾郵件夾中，訂閱者也不知道，行銷人員也不知道。還應該提醒訂戶，如果確認郵件沒有出現在收信箱中的話，也在垃圾郵件箱中檢查看有沒有確認郵件。

三、雙重選擇

第三步是訂戶檢查郵件，點擊雙重選擇性加入確認郵件中的確認鏈結。雙重選擇確認郵件中應該寫明這個郵件是來自那個網站，所要確認的郵件列表正式名稱是什麼，當然這個名稱要和網站上訂閱表格所顯示的完全一樣，不要給用戶造成任何混淆。有的時候用戶並不能立即檢查郵箱，過幾小時或幾天後，也許用戶就忘了自己訂閱的到底是什麼，在確認郵件中應該再次標明。

用戶單擊確認鏈結後，程序才正式把用戶加入到數據庫中，並顯示另外一個感謝頁面，提示用戶已正式完成註冊手續，並提醒用戶再次檢查郵箱裏的正式確認郵件。

四、正式確認郵件

第四步是訂閱者再次檢查郵件，正式確認郵件應該祝賀訂戶已成功地訂閱電子雜誌，更重要的是要告訴訂閱者怎樣拿到網站上許諾的禮物或其他好處，比如免費電子書下載位址、優惠券序列號等。

在正式確認郵件中還要再重申幾個問題：

⑴明確告訴訂閱者接下來會多久收到一次郵件，讓用戶建立心理預期。比如將會收到月刊形式的電子雜誌，用戶就不會覺得收到的郵件太過頻密，或者太突兀。

⑵感謝用戶訂閱的同時，提醒用戶本郵件列表的正式名稱，使用戶以後看到來自這個正式名稱的郵件時不會去報告垃圾郵件，也不會直接刪除。

⑶清楚寫明退訂方法。告訴用戶，每封電子郵件中都會有退訂鏈結，只要點擊一下就可以自動退訂。訂閱者來去自由，行銷人員完全尊重用戶的選擇權和隱私權。

五、序列郵件

第五步是可選項，訂閱者完成訂閱程序後，應該收到一系列自動郵件，通常是以系列教程的形式。在第四步中所收到的最終確認郵件中就已經開始提供系列教程的第一課。然後在註冊後的第三天、第五天、第七天相繼收到提前安排好的第二課、第三課、第四課等。

之所以這麼做是因爲研究說明，用戶只有在多次接觸網站後，才會信任網站並產生銷售。統計說明，81%以上的實際銷售產生在與用戶的第五次聯繫之後。只有重覆地提醒用戶網站的存在，並持續提供有用的信息，才能最大限度地提高銷售轉化率。如果這種重覆接觸是按正常郵件形式，比如說電子雜誌月刊，那麼要達到接觸 5 次以上，已經是 5 個月以後的事情了。從用戶訂閱到收到第一次刊物之間可能有長達 1 個月的時間，用戶對自己所訂閱的東西興趣已不再，對網站也就淡忘了。

以系列教程形式，在兩星期左右的時間內不斷與潛在客戶接觸，是電子郵件行銷最有力的手法之一。通常這個序列教程郵件應該在 7 次左右，在兩星期之內發完。

第六步是正常郵件。按照註冊表格及確認郵件中所承諾的週期，定時發送所承諾的內容。

第 2 章

電子郵件行銷計劃的展開

為了保證發送的电子邮件信息可以在用戶流覽，在進行市場行銷之前，您需要做一個綜合測試，測試內容應該包括為了實現目標而使用的一切行銷要素。

只有認識了郵件位址對於公司的價值，才能使公司有足夠理由為電子郵件行銷投入更多資本。

第一節　電子郵件行銷成功所必備的要素

儘管有廠家提供電子郵件工具、設備和服務，但其中大多數產品都是針對電子郵件行銷對象的特定類型的。爲了決定那種工具和設備適合您的需要，您必須按照您設計的行銷策略，確定自己的電子郵件的類別和目的。

電子郵件行銷的類別大多由從事的行業性質所決定。例如，新聞社和其他出版商可能只希望做新聞類電子郵件行銷，對於他們來說，保持和讀者之間的關係就足夠了。爲產品或者服務做廣告的促銷類電子郵件是另外一種常見的電子郵件，這是零售領域最常見的郵件了。銀行和其他的應用型公司更專注於事務性和以服務爲基礎的郵件。這類電子郵件需要不同的工具，或者至少使用諸如將郵件界面更具個性化的針對性工具。新聞類市場行銷人員通常會每日或是每週爲訂閱者發送新聞郵件，因此不需要諸如動態添加內容、根據客戶的不同增加不同信息的電子郵件工具。對於促銷類郵件來說，行銷人員就非常需要能夠實現爲不同類型客戶提供針對性內容的電子郵件工具，來保證發送的信息和用戶的消費需求相匹配。

1. 要持續進行綜合測試和使用頻率調查

爲了保證發送的信息可以在用戶流覽器上正確顯示以

及保證行銷要素確實對客戶起到作用，在進行市場行銷之前，您需要做一個綜合測試，測試內容應該包括爲了實現目標而使用的一切行銷要素。從需要達到的目標開始逆向推理可以保證測試能夠做到最優化，並且成爲郵件設計工作的一部份。另外，需要決定特定月份客戶收到的最大郵件上限，這也被稱作郵件的頻率容量。一般來說，市場行銷類郵件一星期發送一次。然而，您需要開發一種有效聯絡方式來配合頻率容量的設置，以避免客戶因接收過多的行銷信息而感到疲勞。

2. 確定電子郵件位址的價值

只有認識了郵件位址對於公司的價值，才能使公司有足夠理由爲電子郵件行銷投入更多資本。爲了確定電子郵件位址的價值，您需要瞭解獲得電子郵件位址的成本和其他指標，例如每個註冊電子郵件位址的用戶可爲公司帶來的收益。另外還有一種更爲精確的方法。該方法簡稱爲 RFM 分析法，即通過綜合客戶上次購買的時間、購買的頻率和消費數額這三個因素，可以計算出客戶的具體價值。通過這種方法可以將客戶分成不同的類別。市場行銷人員通常利用這個指標，將最近 6 個月內消費的客戶分成若干組。這一方法也可以應用到過去 6 個月內點擊網頁的用戶，將他們分類。

3. 建立獲取、保留及重新激活客戶的行銷計劃

雖然大多數的市場行銷人員忙於設計能保留客戶的電

子郵件(或新聞類電子郵件)的方案，但我們的經驗說明，他們往往沒有考慮好獲取和重新激活客戶的行銷計劃。遺憾的是，您必須認識到您列表中的許多電子郵件位址會逐漸變質，大約會有 1/2 到 2/3 的郵件位址將不再回應您的行銷信息。如果公司具有適當的品牌效應，那麼，調查和抽獎活動可以很好地將這一部份休眠客戶喚醒。當要決定合適的具有成本效率的客戶重新激活策略(例如，可以利用客服中心電話呼叫，或者採用發送郵件的方式重新與休眠客戶取得聯繫)時，要利用電子郵件位址的價值作爲參考標準。利用已註冊客戶在用戶配置中心留下的數據來決定如何招攬新的用戶。時刻提醒自己，公司與客戶的聯繫應該是雙向的，您應該學會獲取用戶的回饋並從中真正學到東西。

4. 設計能夠反映行銷效果的總指標

打開率、點擊率、用戶購買量和發送郵件數量不僅十分重要，而且是確定用戶郵件地址列表的健康程度的重要指標。除了這些指標外，還應該加入用戶註銷率、垃圾郵件投訴率、新用戶註冊率以及發送失敗率這些能夠直接反映用戶郵件地址列表的品質和表現的指數。儘管每個指標都可以單獨地衡量其行銷效果，但將它們綜合在一起，可以讓行銷人員更清晰地衡量客戶的健康程度。下面來看「如何計算總指標」這個例子，它展示如何將這些指標整合成一個總指標。

收集所有的主要性能指標，用滿分是3分的標準為它們打分。1分為低於平均標準，2分為達到平均標準，3分為高於平均標準。將所有的主要指標按這個方法打分，然後將它們加起來。這個總數越高，您手中的用戶郵件地址列表的表現就越出色，這說明您的用戶很關注您的行銷信息。為了便於解釋，您的總指標計算過程應該如下所示(不要用以下的指標作為標準，這裏僅用來方便演示)。

郵件發送率＝95%　　分數＝3

用戶打開郵件率＝24%　　分數＝1

點擊率＝12%　　分數＝2

用戶購買率＝1.5%　　分數＝2

這一個月的總的郵件位址覆蓋率＝50%　　分數＝3

用戶註冊率＝3%　　分數＝3

垃圾郵件投訴率＝10%　　分數＝1

用戶註銷率＝0.01%　　分數＝2

在這個例子中，總指標的分數為17分。

對於垃圾郵件投訴率和用戶註銷率，指標數值越高，得分越低。

每個指標都是重要性能的指數，將這些指標綜合在一起構成一個評分系統，可以得出一個快速全面的用戶郵件位址列表的表現分析。如果總指數有較大變化，很容易就可以找出那個環節拖了後腿。

5. 關注用戶的動作

註冊用戶的舉動應該是您的局部戰術關注的重點。您需要以此對客戶分類（例如，將那些在前 3 個月內只點擊過幾次電子郵件中鏈結的用戶分一類，經常點擊行銷鏈結的客戶分一類，從來不點擊的用戶分一類）。利用這個方法，可以創建用戶行爲結構框圖，並由此制定之後發送的行銷信息內容，或者制定重新喚醒休眠客戶的再行銷計劃，這樣可以大大提高效率。比如，基於用戶在網站中是否曾經購物以及是否有過購物意向（比如從公司網站上下載旅行線路），來向用戶發送不同的針對性信息。

6. 開發登錄頁面

驅使客戶登錄公司主頁往往是行銷人員的核心戰術，但是由於歡迎信和用戶重激活郵件等行銷環節的需要，我們必須製作特殊的用戶登錄頁面。爲了獲得特定的效果，並且支援電子郵件的內容，製作登錄頁面是必不可少的工作。同時應當注意，頁面需要照顧到客戶的不同情況和喜好。目前，您暫且先把它想像成公司網站上的幾個靜態登錄網頁，它們的作用是歡迎新用戶，或者是重新激活休眠的用戶。

7. 優化頁面

頁面的設計和創意通常是行銷人員的工作重點。想像一下您的信息將被發送給多種多樣的電子郵件接收設備，包括採用無線設備協定（WAP）的手持無線終端。雖然在

Google 上可以輕易搜索到免費的將 HTML 格式轉換爲 WAP 格式的代碼轉換器(也就是將發送給一般家用電腦的電子郵件轉換爲掌上電腦或者智慧手機也可以接收的電子郵件格式)，認識到郵件內容以及接收設備的差異，是贏得品牌效應的一個重要部份。

8. 發展種子郵件地址列表

在公司裏找一些人，將他們的電子郵件位址構成所謂的種子郵件列表，加入到您的客戶郵件位址列表中去。這樣做是爲了保證您和您的同事可以收到測試版本的郵件以進行檢查，同時也能夠收到正式的行銷郵件。另外，在種子列表中加入其他大量不同的 Internet 服務商，來檢測您的客戶郵件位址列表中的客戶們收到的不同領域發送信息的數量和信息的內容。

9. 在計劃的早期階段採用多管道行銷戰術

許多公司之所以引入電子郵件行銷，是因爲它相對較爲便宜，並且可以與其他管道的行銷戰略相互配合、共用數據、共同展開行銷計劃，以實現長遠目標。即使這是您的打算，如何儘早地使用多管道行銷策略也是相當重要的。例如，電子郵件行銷數據將如何儲存、用什麼方式組織，這在實現綜合化多管道行銷中十分重要，它決定了整合工作量的大小。相應地，行銷人員可能會希望利用電子郵件位址以外的東西作爲記錄的唯一標示符。如果數據是從其他管道獲取來的，並整合在電子郵件市場行銷中，那麼利用客戶身份識別碼(ID)來作爲記錄的唯一編碼，在數據記錄中將會有優勢。而且，如果一個用戶擁有多個電子郵件，利用不是電子郵件位址的記錄編碼，您可以把多個郵件位址和一個客戶映射在一起。您應該將您的電子郵件行銷計劃變爲公司整體行銷計劃的一部份。盤算好您的市場數據如何得到，並且利用何種方式組織記錄，這對行銷效率和最終成功都是至關重要的。

10. 制定連貫性電子郵件策略

使用數字記錄編碼表示郵件信息的好處，就是行銷中發給個人的郵件可以被反覆使用。

您的郵件可以被某一事件觸發，例如當客戶點擊某個地方或者過了一段時間後，系統自動給客戶發送一封郵件。當您把多個觸發條件結合在一起時，通常就被稱爲連貫性電子郵件策略。將這個按照不同客戶行爲發送不同針對性信息的技巧相結合，您就可以設計出由用戶行爲和時間共同決定的電子郵件。這樣就可以將以前發送過的郵件，再次發送給其他情況相似的人。這種方法常被應用於歡迎信的設計上，組合 3 到 4 個種類的歡迎信內容就可以適用於所有的用戶。

(1) 行銷策略

從戰術方面來看，這裏提到的策略專指客戶郵件位址列表的分組技術和針對性技術，也就是說，您需要將您的客戶信息列表分成若干子列表，並根據不同的子列表設計特定的郵件信息。另外，策略還涉及電子郵件位址的獲取方法、休眠用戶重新激活和測試環節。

⑵**創意性的設計**

在大多數公司中，這項工作大多由其他的市場部門例如網頁設計部門等合作完成。但是，對於那些大型企業，電子郵件受到高度重視，因此通常這部份工作是單獨分配人力資源來完成的。

例如埃克斯公司(Expedia)就採用這種策略。雖然許多創新要素例如商標等，通常可以借鑑公司內部其他行銷部門的創意，但是電子郵件需要對這些創新要素進行優化，以適應不同的郵件接收軟體(例如 Outlook、Gmail 和 AOL)和不同的接收終端(例如移動設備、智慧手機等)，以保證這些創意性要素能夠在這些設備上正確地顯示和工作。

⑶**產品整合**

產品整合是指將構成電子郵件的一切整合在一起，做成實際的成品。具體來說，就是使用一個比較好的 HTML 代碼編寫工具並使用數據庫來具體實現。注意，編寫電子郵件的 HTML 代碼和編寫網頁是不同的，儘管它們的任務和技術相似，您需要尋找擁有電子郵件 HTML 代碼設計工作經驗的員工。這個員工將負責所有相關事宜，例如將客戶郵件列表切割成若干子列表，保證電子郵件內容的所有鏈結都能正常工作。這個員工還應執行測試工作，例如關於郵件主題欄的測試等。

根據電子郵件行銷計劃的規模，產品整合環節可以交給特定的專業人士，或者是外包給合作夥伴公司完成。例如，一些行銷人員直接將數據庫工作（該工作是爲用戶分類，發送針對性信息）外包給服務提供商，一些行銷人員則通過使用一些簡單但功能強大的設備或專業軟體來管理這部份工作，從而省去了大量具體的編程工作。

⑷**郵件部署**

一般來說，與電子郵件服務提供商合作，這項工作大多由電子郵件服務提供商來完成。工作的主要內容是在郵件被正式發送前，對其做各種測試、驗證並作內部調查工作（例如主題欄測試），最終，按照預定計劃將郵件發送出去。

⑸**後期的分析及報告部份**

電子郵件行銷的一項優勢就在於您能夠立刻看到它的行銷成效。在發送郵件幾個小時或者幾天後，您就可以對郵件的表現展開一系列調查和分析，並得出報告。報告的重要功能是爲了更好地爲用戶進行分類、評定郵件的範本和內容，以及調查您的郵件對特定用戶群的表現如何，以便開展更有針對性的行銷任務。對於郵件發送情況及其設計的相關產品的具體報告，可能需要更爲專業的服務運營商。

這 5 個方面的工作，那麼這是否就意味著公司需要 5 個人來執行電子郵件行銷了？實際上不需要，大多數公司只需要 2 個全職員工來擔任電子郵件行銷任務。雖然大型企業有 12 個以上的員工負責電子郵件行銷，但是其他公司，也許只用 1.5 個全職員工來管理電子郵件行銷。但是爲了做得成功，您必須明白需要提高員工的技術水準並提供專業培訓。另外，能夠動員較少公司資源的行銷人員，通常不去做用戶個性化以及客戶針對性內容等能夠顯著提高行銷成績的工作。因爲他們沒有足夠的資源去創作所必需的大量不同版本的郵件內容用於對用戶進行詳細分類。與電子郵件服務提供商合作的公司通常只有相對較少的員工，因爲他們可以借用服務提供商的經驗和技術。

老闆希望知道，從電子郵件市場行銷上能夠獲得多少錢。先告訴他發送一封郵件也就只花不到 1 分錢，即使一開始已經有一個用戶郵件位址列表，成本加起來也不過每月 100 美元。向老闆說明真正的成本在於編寫和優化這些郵件，不過，這部份的成本根據技術不同而變化。通過發送郵件，您的客戶列表會滾雪球般地增大，發送的郵件也會越來越多。用下面這些數據刺激您的老闆，這些統計數字可是最能吸引眼球的東西。

博得(Borders)連鎖書店利用電子郵件來開展會員優惠行銷計劃。為了增加博得書店的忠實會員，博得書店為每一次在書店消費的客戶提供折扣。在購買過程中，鼓勵消費者留下電子郵件位址，徵集消費者加入計劃，鼓勵用戶在交易時使用會員卡。公司有 5 名全職員工從事該行銷計劃，掌管規劃和產品方面的電子郵件。計劃於 2006 年啟動，截止到目前，已有 1250 萬消費者參加。每一封郵件每週都可吸引上百萬美元的收益。電子郵件成了博得連鎖書店最成功的行銷工具。

一項調查顯示，根據用戶行爲發送針對性郵件的方法，相對於向用戶發送相同郵件的方法，收益要多出 11 倍。即使算上爲了對客戶分組所需的額外員工費用，這種方法也比向用戶散佈同樣信息盈利更多。另外，這裏有一個可以節省成本的方法：6～12 個月後等到郵件行銷計劃成熟了，再去增加額外的員工從事針對性郵件製作，這樣可以增加投資回報比。

心得欄 --

第二節　電子郵件行銷路徑圖

一、從您的電子郵件行銷計劃開始

將您的電子郵件行銷計劃與公司其他管道的行銷計劃整合在一起的重要性。下面的任務必不可少：

⑴繪製一張反映電子郵件用戶數據庫中所收錄信息的來源以及在什麼地方用到這些數據的圖表，也就是繪製數據庫進入點（收錄信息）和離開點（使用信息）地圖：

⑵確定如何分析電子郵件行銷對於整體銷售結果的影響。

1. 繪製數據庫進入點和離開點地圖

繪製一張地圖看起來很可笑，但是它會對你產生極大的幫助。電子郵件行銷經常被誤解，許多人誤認爲最好的電子郵件行銷是獨立於其他行銷和廣告手段之外的。實際上，電子郵件行銷和其他行銷手段有許多共同之處，它和其他網上或網下行銷活動密切相關，互相影響。

通常，公司網站上有 7 個以上的用戶進入點和離開點，在這些點上用戶可以提供郵件地址、聯繫公司或者分享其他的信息。某雜誌社的主頁，它的上部就有兩個進入點。您的電子郵件行銷數據庫需要與這些地方進行關聯，以保證用戶的信息能夠被捕捉。這樣您才能夠繼續與用戶通過電子郵件保持聯繫，用戶也才可以通過點擊鏈結獲得回應。注意，要在每張網頁上提醒用戶留下郵件地址。

2. **分解計劃**

一旦您有了數據庫進入點及離開點地圖(可以在腦海中或者在紙上繪製)開始一項電子郵件行銷計劃，您將會看到它能極大地提高電子郵件行銷的效率，圖 2-1 就是一個例子。

圖 2-1 電子郵件行銷路徑圖

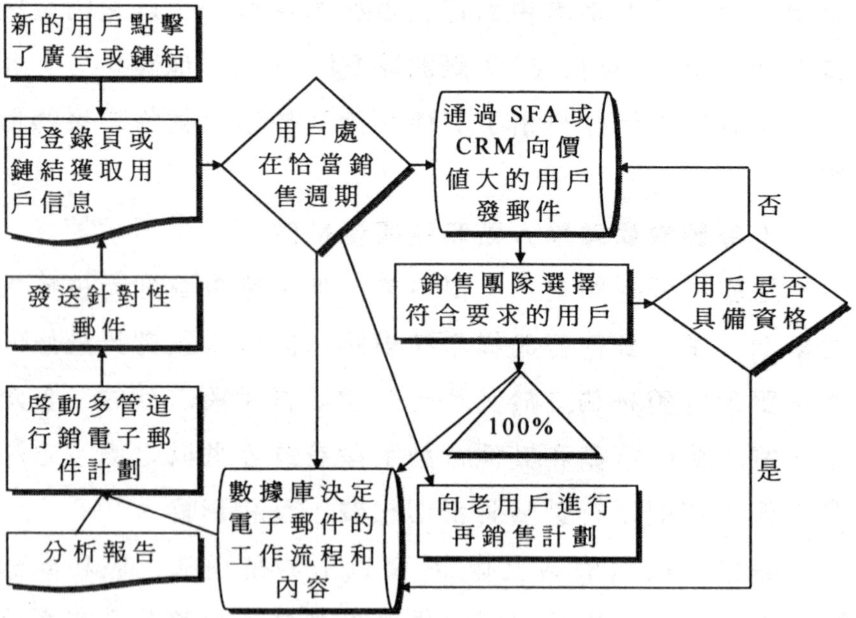

新的用戶點擊了廣告或鏈結
用登錄頁或鏈結獲取用戶信息
用戶處在恰當銷售週期
通過 SFA 或 CRM 向價值大的用戶發郵件
否
銷售團隊選擇符合要求的用戶
用戶是否具備資格
發送針對性郵件
100%
啓動多管道行銷電子郵件計劃
是
數據庫決定電子郵件的工作流程和內容
向老用戶進行再銷售計劃
分析報告

由圖 2-1 可見，目前所掌握的信息不足以判定這個電子郵件行銷計劃是否高效。爲了解決這個問題，您需要在行銷計劃開展後建立一個有效的分析程序。

3. 分析程序需要包含那些方面？

一個好的分析程序不需要昂貴的花費，它只需要提供以下 5 個方面的內容。

⑴報表

這張分析報表，可作爲一個成功範例。它顯示了企業的一系列關鍵數據，由此給出行銷結果。大多數報表生成軟體允許您自定義報表的內容，讓您能夠選擇那項數據顯示在最前面，而且提供諸如搜索、剪切和粘貼的各種功能。

⑵用戶階段分佈圖

不管您是在那種企業任職，您都將依賴以下的行銷過程。大量的訪問者流覽您的網站，其中一部份人對網站的內容感興趣，並最終成爲消費者完成購買行爲。一個良好的分析程序需要提供一個總體的用戶階段分佈圖，顯示處於以上提及的各個階段中的訪問者，他們各自所佔比例是多少。

⑶用戶地理分佈圖

瞭解您的用戶住在那裏（以及客戶所在時區，這對跨國業務來說十分重要）對於分析報告來說十分重要。在適當的時間向您的用戶推銷產品和信息可以獲得更好的效益（針對用戶分佈在不同的時區的公司來說）。比如在人們饑餓的時候推銷穀物產品。在美國，從東海岸到西海岸時區會有差別，所以推銷的時間也需要針對用戶的位置進行調整。

另外一個更重要的問題是，美國南部地區對某些銷售語言比西部地區更爲敏感，所以同樣需要針對用戶的位置改變郵件的內容。

⑷**網站活動**

您的分析程序應該告訴您網站的流覽情況怎麼樣，特別是有多少人流覽網站、他們用什麼順序遍曆網站、平均閱讀多少網頁、從那個頁面進入或離開網站。

⑸**從流覽到購買，搜索引擎行銷(SEM)**

一個分析程序不僅要反映人們如何流覽網站，還要告訴您最熱門的搜索關鍵字是什麼。您將利用這部份的報告進行病毒式行銷，促使用戶將郵件轉發給朋友。

這項關鍵策略可以確保行銷程序具有針對性，能夠爲公司帶來成果。通過瞭解用戶數據，您可以選擇適當的時間發送郵件。知道用戶經常在搜索何種信息可以讓您更新發送的內容，以獲得更高的點擊率。另外，知道用戶在什麼地方用何種方式登錄您的網站，能夠幫助您建立更多更高效的用戶鏈結，加速用戶在行銷網路中的動作，提高利潤。

4.**選擇一個分析程序**

對於剛剛進入電子郵件行銷領域的人來說，選擇一個分析程序往往感覺既複雜又昂貴。很多人都會產生這樣的疑問，比如「爲什麼非要有一個分析程序」，或者「爲什麼在開始電子郵件行銷前需要知道這麼多」。

我們可以負責任地告訴您，在行銷開始前制定一個分析程序絕對是必要的。它可以幫助您分析行銷成績的方方面面，從用戶註冊位址到製作登錄網頁，並且它可以顯著地提高效率。

心得欄

第3章

電子郵件成功秘笈

電子郵件行銷過程的第一步，就是吸引用戶註冊郵件列表。沒有用戶訂閱，電子雜誌的內容寫作、系統設計等都毫無意義。電子郵件送達率是衡量電子郵件行銷效果的重要指標之一。

第一節　要給用戶一個註冊理由

電子郵件行銷過程的第一步，也是最重要的一步，就是吸引用戶註冊郵件列表。沒有用戶訂閱，電子雜誌的內容寫作、系統設計等都毫無意義。

而吸引用戶註冊是整個電子郵件行銷中最難的部份。其他東西都可以通過自身的學習和努力，只要有了一定的理論指導，再加上一些實踐，熟能生巧，掌握起來難度不大。但吸引用戶來注意和註冊則需要充分發揮創意和技巧，才能說服那些在網上或者漫無目的閒逛，或者急著在不同網站間穿梭，尋找問題答案，或者在不同網站之間比較價格的匆忙的流覽者。

由於對安全、隱私權的重視，以及垃圾郵件越來越多，現在大部份 Internet 用戶對留下姓名及電子郵件位址，註冊任何東西都有著一定程度上的心理抗拒。不給一個強有力的理由，用戶是不會註冊你的郵件列表的。僅僅放上一個表格，寫上一句：「歡迎訂閱我們的電子雜誌」，幾乎可以肯定沒有人會因此就訂閱，因爲流覽者完全不知道訂閱這份電子雜誌對他有什麼好處。

放上註冊表格，再寫上：「訂閱我們的電子雜誌，您將收到最新產品信息、優惠促銷信息及折扣等」，這還不是一個足夠強烈的註冊理由，因爲所有網站都會這麼說，顯不出有什麼不同。

要說服用戶註冊郵件列表，必須能讓用戶立即得到一個額外的好處或獎勵，而不僅僅是電子雜誌本身所包含的網站消息、折扣等。

一、成功經驗的總結

先來看三個例子：

第一個是 marketingtips.com 網站，其創建者 Corey Rudl 是網上最有名的網路行銷專家之一，我們來看一下 marketingfips.tom 網站上電子雜誌註冊表格的形式。

可看到中間的說明文字是這樣寫的：

免費成功指南：簡單六步保證網上贏利 通往成功的地圖——像我們的無數學生一樣成功， 以最短時間，最少投資，賺取最大利潤的簡單六個步驟。 完全免費，立即下載。 另外你還會每星期收到我們的竅門揭秘最子雜誌。

第二個例子，來自網站 bizweb2000.com，註冊表格上的說明文字是這樣寫的：

請把免費網上創業快速啟動工具包寄給我！
工具包包括：初學者指南、終身訂閱 BizWeb 電子雜誌，
以及一份驚喜禮物。工具包百分之百免費。

第三個例子是 wilsonweb.com 網站。Wilson 的電子雜誌註冊表格上面的說明文字是：

註冊我們的免費電子雜誌-當代網上行銷，全世界擁有十萬八千多名訂戶。為了鼓勵您走出這一步，我還提供三本免費電子書供您下載和閱讀：網上行銷清單——推廣網站的 32 種方法；你必須做的 12 個網站設計決策；電子書製作與行銷。每本書價值 12 美元。註冊就可得到。沒有陷阱。

從這三個例子我們可以看到一個共同規律：

⑴電子雜誌本身不是焦點，給予的額外禮物、好處、獎勵才是焦點。

這三個例子使用的額外禮物，或者說是好處，都是提供給電子雜誌註冊者的電子書。

⑵都著重強調禮物以及電子雜誌本身是免費的。這裏突出免費暗含的意思是，這些電子書本來不應該是免費的，本身是有價值的。或者更明確地標明贈送 3 本免費電子書，且每本價值 12 美元。

大家可以參考其他網站，成功的電子雜誌大多使用類似的方法吸引用戶訂閱，爲訂閱者提供一個免費的、能夠

立即拿到的、有價值的、最好其他地方找不到的額外禮物或好處。最簡單也最有效的就是電子書，成本低廉，寫好後製作成電子書，分發給用戶，就沒有其他成本了。電子書本身也是在網上十分流行的傳播信息知識的媒介。當然，不同的網站不一定都局限在贈送電子書的方法上。審視一下自己的網站、產品、能力、庫存，有什麼是可以立即提供給註冊者的額外好處？比如：

- 免費系列教程，訂戶將以固定時間間隔自動收到教程。
- 行業報告或白皮書，包含有幫助訂閱者進行市場調查，做出商業決定的信息。
- 免費軟體，簡單但能幫助訂戶完成某項小任務，或節省時間的軟體。SEO 行業對各種 SEO 工具軟體的需求就很大。
- 現金優惠券，訂戶註冊電子雜誌後立刻可以使用的現金優惠券或折扣券。
- 免費產品試用，化妝品及洗滌產品行業經常免費發送試用小包裝，搬到網上同樣也適用。
- 製作精美的明星相冊或螢幕保護程序。

總之，行銷人員可以盡力從自身的資源中挖掘出成本低，對用戶又有實際作用的獎勵和好處。沒有人會平白無故地註冊你的電子雜誌，甭管你把電子雜誌吹捧得多好。要吸引人註冊，還是需要有額外的禮物作爲推動力。

二、注意細節

除了使用額外獎勵作爲註冊理由之外，還有幾個細節需要注意。

1.註冊表格儘量簡單

一般來說，除了名字及電子郵件位址，其他都不要詢問。用戶越來越重視隱私，連留下名字、電子郵件位址都已經有心理障礙，再問一些工作單位、電話、位址等，就更沒有人會註冊了。可以說，問得越多，註冊的人越少。

2.隱私權政策

這三個例子有一個共同點，那就是都以明顯的方式顯示隱私權政策。第一個例子是以鏈結形式提供訂戶查看隱私權政策的機會。後兩個都是以非常簡短的文字做出一個承諾：用戶的郵件地址是安全的。

隱私權文字說明是:工具包將會 E-mail 到有效郵件位址。我們絕不出租或出售您的信息。要求收到工具包的同時,您也註冊了我們的免費電子雜誌。能在任何時候退訂。

另一個例子的隱私權說明是：我們尊重您的隱私，絕不會出售或出租我們的郵件列表。註冊後，您絕不會收到垃圾郵件，我們保證。

在網上一旦透露電子郵件位址，總會收到很多垃圾郵件，這也是很多人不願意訂閱任何東西的原因之一。以簡單堅定的語言向用戶承諾絕不洩露用戶信息，絕不發垃圾，會在最大程度上打消用戶的這個疑慮。

3. 文字及圖片展現形式吸引人

這三個例子都包含有一幅電子書的圖片。雖然電子書本身並不像圖片上展現的是實體形態，但是這些圖片無疑對流覽者產生某種價值暗示，會讓人覺得所送的東西是有價值的。在文字的寫作上也同樣有講究。儘量站在用戶的角度思考，怎樣用簡短的幾行文字展現給用戶帶來的好處，並且使用含有積極意義的辭彙，諸如免費、你、成功、立即等。

在文字的顏色及格式上也力求突出這些好處。比如這三個案例中對單詞「免費」的加粗，甚至加上背景顏色。

4. 註冊表格位置

看到很多網站提供某種形式的郵件列表，但是註冊表格十分不醒目，只是在網站導航中放上一個電子雜誌的鏈結，然後在電子雜誌頁面上放上註冊表格。這種做法是不可能充分地發揮電子郵件行銷效力的。

註冊表格應該放在網站所有頁面，或者至少是大部份頁面上，並且放在相對醒目的位置，比如頁面左側導航的最上部，或頁面正文的右側，或者放在頁面內容結尾處，使流覽了文章內容的讀者自然看到註冊表格。

在網站導航上也不妨放一個電子雜誌的鏈結，然後在電子雜誌說明頁面用更詳細的文字告訴用戶訂閱的好處。

如果網站行銷人員經過測試，郵件列表確實能夠提升網站銷售轉化率，那麼在網頁最明顯的，也是最寶貴的位置放註冊表格，是充分發揮電子郵件行銷效能的必要手段。

5.彈出視窗的使用

有的時候可以採取更為積極的方式強烈向流覽者推銷電子雜誌，比如使用彈出視窗。

彈出視窗在中文網站中往往被用來顯示廣告。彈出視窗用來說服用戶訂閱電子雜誌，長久效果要好得多。與其一次性顯示廣告，賺取微不足道的廣告費，不如抓住機會吸引一個長期用戶。

由於彈出視窗已經被用得很濫了，用戶們對彈出視窗都有厭煩心理，所以使用彈出視窗時，也要注意幾個技巧。

首先，彈出視窗應該在用戶點擊頁面上的鏈結，離開當前頁面時才彈出，而不是在用戶一進入你的網站就彈出，以免過度影響用戶流覽網頁的流暢性。

所彈出的視窗尺寸應該比較小，大致只有正常視窗的四分之一，放置在螢幕的左上角。

彈出視窗應該出現在原視窗上面，而不要隱藏在原視窗下面。有的人認為，彈出視窗採取隱藏在原視窗下面，不容易惹用戶厭煩。但是致命的缺點是，除非用戶關掉原視窗，否則可能注意不到這個彈出視窗。當用戶看到這個隱藏視窗時，可能已經弄不清是從那個網站彈出來的，也就不會訂閱電子雜誌。

用戶無論從網站那一個頁面進入，當他離開進入頁面時都應該出現彈出視窗。但是又不能每次用戶點擊一個站內鏈結來到另一個頁面，都彈出這個視窗。所以應該使用 JS 腳本以及 Cookies 控制彈出視窗的出現。當用戶進入網站任意一個頁面時，程序將在用戶電腦中寫入一個 cookie。通過程序控制，在一段時間內，比如 3 天，彈出視窗只對同一個用戶顯示一次。這樣，不僅用戶在同一個網站內看不同網頁時不會不斷出現彈出視窗，而且在 3 天之內再次進入這個網站時，也不會再看到彈出視窗。

在樣式表(CSS)流行以後，又有另一種非常類似於彈出視窗的方式，也就是通過 CSS 增加一個層(layer)，這個層會在用戶打開頁面時從頁面上方動態滑進螢幕，引起用戶注意。層中的文字內容和彈出視窗完全一樣，都是註冊電子郵件的表格及說明文字。這個頁面層還應該有一個關閉按鈕，用戶不想繼續看下去就單擊「關閉」按鈕，這個層通過 JS 及 CSS 的控制就可以隱藏起來。對用戶來說，就相當於一個視窗消失一樣的效果。這個方式的最大優點是不受現在很多電腦中已經裝載了的彈出視窗過濾程序的影響。

6. **要求用戶立即確認**

用戶提交註冊表格後所顯示的確認或感謝頁面上，應該提醒用戶立即查郵箱，點擊確認郵件中的雙重選擇性進入確認鏈結，完成註冊程序，才能立即獲得所承諾的獎勵，比如下載電子書。

很多時候，用戶註冊以後過一段時間才去查看E-mail。但是隔的時間越長，用戶忘記查看或者即使查看也忘了當初確實有訂閱過這份電子雜誌的可能性就越大。鼓勵和提醒用戶立即確認，能有效提高註冊轉化率。

心得欄

第二節　要避免被當成垃圾郵件

電子郵件送達率是衡量電子郵件行銷效果的重要指標之一。隨著垃圾郵件越來越氾濫，世界上所有的 ISP 和服務器提供商都採取了越來越嚴厲的過濾垃圾郵件措施，同時也給正常郵件，以及合法合理、用戶歡迎的電子郵件行銷帶來不便。

一、垃圾郵件的過濾方法

電子郵件行銷人員能做的是儘量減少自己的郵件被當做垃圾郵件的機會。要做到這一點，首先需要瞭解主要的垃圾郵件過濾方法。

1. 以觸發式過濾演算法鑑別垃圾郵件

這種篩檢程式通常已經安裝在電子郵件用戶端軟體或郵件服務器上。其原理是過濾軟體檢查郵件的發信人、標題、正文內容，以及郵件中出現的鏈結和域名，甚至電話號碼。當發現帶有明顯廣告性質，或經常出現已知垃圾郵件的典型特徵，則給這封郵件打一定的垃圾郵件特徵分數。當分數達到一定數值時，郵件將被標誌爲垃圾郵件，直接過濾到垃圾郵件文件夾。

其計算方式，例如，郵件標題中出現￥、$符號，可能給予 2 分垃圾分數。郵件內容中出現「免費」、「發票」、「促銷」等典型垃圾郵件中經常出現的辭彙時，也各給 1 分。郵件中如果包含已經被確認的經常發垃圾的域名，再加 1 分。甚至郵件內容中出現被確認與垃圾郵件相關聯的電話號碼，也給個分數。當這些垃圾分數相加達到某一個數值時，例如當達到 10 分，這個郵件就被標誌爲垃圾。

2. 以黑名單為基礎

有一些創建和維護鏈結郵件黑名單的組織，專門接受用戶的垃圾郵件投訴，如果確認確實是垃圾郵件，黑名單運行者將把發送垃圾郵件的服務器和用戶 IP 地址放入黑名單。

比較有規模的垃圾黑名單組織通常都與其他 ISP 及服務器運營商共用黑名單數據庫。一旦某個 IP 地址被列入黑名單，世界上很多 ISP 和郵件服務器將拒收來自這個 IP 位址的所有郵件。

有時用戶投訴，其實並不是真的因爲所收到的郵件是垃圾郵件，而是用戶忘記了曾經註冊這個電子雜誌。如果你的 IP 位址被錯誤地投訴而列入黑名單，唯一的方法是聯繫黑名單維護組織，說明情況，提出證據，要求把你的 IP 位址從黑名單中刪除。不過這一過程有時非常複雜艱難。

3. 郵件防火牆

很多大公司的服務器是運行在郵件防火牆之後，這些防火牆會共同地使用各種篩檢程式及黑名單，再加上自行研製的一些演算法，來鑑別和剔除垃圾郵件。這些防火牆的演算法則更複雜，並且不與其他人分享細節，對正常郵件的送達也可能起到致命的影響。

4.使用郵件確認

當電子郵件賬號收到一封 E-mail 時，這封 E-mail 會首先進入待送達隊列中排隊，同時自動回覆給發信人一封確認郵件。確認郵件中包含一個確認鏈結，或標題中包含有一個獨特的確認序列號，只有原來的發件人單擊確認鏈結，或回覆這封確認郵件，發信人的郵件地址才會被列入白名單，原來所發送的第一封原始郵件才真正被送達到收件箱。

二、降低被當做垃圾郵件的幾率

爲了避免郵件被這些過濾手段鑑別爲垃圾郵件，應該注意下列問題：

1.檢查服務器 IP 地址是否在黑名單中

選擇郵件服務器時，應該檢查服務器提供商的 IP 地址是否被列在主要的垃圾黑名單中。

用戶可以在網上即時查詢自己的服務器 IP 地址是否被列入黑名單。當然在使用過程中也不能排除某些用戶發送垃圾郵件影響到其他用戶。如果發現郵件送達率、閱讀率有異常降低，應隨時監控 IP 位址在主要黑名單的情況。

2. 郵件撰寫有技巧

⑴在郵件標題及正文中都儘量少使用敏感的、典型垃圾郵件常使用的辭彙，如英文的偉哥、貸款、色情圖片、獲獎、贏取，以及中文的免費、促銷、發票、禮物、避稅、研修班、折扣、財務等。不是說這些詞本身有什麼問題，也不是完全不能用，而是儘量少用，以免觸發垃圾過濾演算法。

⑵少使用驚嘆號，減少使用誇張的顏色，尤其是加粗的紅色字體。這都是典型的垃圾郵件常用的吸引眼球的方法。如果是英文郵件，不要把很多詞完全用大寫。

⑶郵件內容、標題、發件人姓名都不要使用明顯虛構的字符串。比如有的垃圾郵件發送者當然不會告訴別人真名實姓，就在發信人名稱中隨便寫上幾個字母。維護垃圾過濾演算法的人也不傻，這種莫名其妙的隨機字符串通常都是欲蓋彌彰的垃圾郵件特徵。

⑷HTML 郵件代碼應該簡潔，減少使用圖片。雖然 HTML 郵件允許使用圖片美化郵件，但是圖片與文字相比應該保持在最低比例。圖片越多，被打的垃圾分數可能越高。

3. 當初的註冊流程

⑴用戶提交註冊表格後顯示的感謝頁面及確認郵件中應該提醒用戶把你的域名，以及郵件地址加入到用戶自己的白名單和通訊錄中。郵件用戶端軟體通常都在垃圾篩檢

程式設置中有白名單選項，絕大部份免費郵件提供商，如雅虎、hotmail、gmail 也都有相應的設置。把電子郵件位址存入通訊錄中也起到相同的效果。

⑵如果某封郵件已經被過濾到垃圾郵件夾中，提醒用戶單擊「不是垃圾」按鈕，告訴篩檢程式判斷錯誤了，這些回饋信息會被郵件服務器的過濾演算法所統計和運用在今後的演算法中。

⑶給用戶最簡單方便的退訂方法。在發給用戶的所有郵件中都應該包含退訂鏈結，用戶單擊這個鏈結，程序就會自動將其 E-mail 位址從數據庫中刪除。這個退訂方法越簡單越好，如果做得很複雜，用戶可能寧可去按更簡單的「報告垃圾」按鈕，造成的損失更大。

⑷及時處理投訴。如果收到用戶或 ISP 的投訴，必須儘快處理。如果是用戶忘記自己曾經訂閱你的電子雜誌，錯誤投訴，應該把完整證據，包括用戶的姓名、電子郵件位址、訂閱時的 IP 地址、精確訂閱時間，提供給 ISP 和垃圾黑名單運營組織。在絕大多數情況下，只要提供確實證據，ISP 和垃圾黑名單組織都會理解。

⑸及時處理退信。由於種種原因，發送出去的 E-mail 不一定能送達到對方服務器，而是被退回。對退回的郵件位址應該及時進行鑑別和處理。大量收到退信的用戶，很多 ISP 也會格外注意，甚至被列入黑名單。後面還有關於退信處理的更詳細內容。

⑹大型網站，或擁有數量龐大的用戶數據庫的網站，很可能需要與主要 ISP 就郵件問題保持聯繫。一些大型電子商務網站和社會化網站可能有幾十萬幾百萬，甚至上千萬用戶，郵件發送量巨大，很難保證所有用戶都記得曾經註冊過相應服務或郵件列表，被投訴爲垃圾郵件的情況一定時有發生。與主要 ISP 保持溝通就變得非常重要，不然 IP 地址被列入黑名單，通過正常管道可能要花費很長時間才能解決。

⑺及時處理確認郵件。發送行銷郵件的郵件位址需要有專人查看，發現需要確認郵箱位址時，只能人工點擊確認鏈結，或回覆確認郵件。

⑻最後，考慮使用專業電子郵件行銷服務也是一個選項。專業的電子郵件行銷提供商具備更多經驗，詳細記錄郵件送達率，密切監測自己的 IP 地址是否有被列入黑名單，並且與主要的 ISP 都有密切聯繫。

心得欄

第三節　要吸引讀者快打開你的電子郵件

郵件順利通過垃圾篩檢程式進入讀者的收件箱後，也不意味著郵件就會被打開閱讀。

所有使用電子郵件的人現在都面臨著同樣的處境：打開郵箱，每天收到幾十、幾百封郵件，其中 95%是垃圾。大部份人在打開郵件之前要做的是流覽一下發信人及標題，凡是看著像垃圾的，直接就刪除了。

吸引讀者打開你的郵件現在也越來越成爲一個挑戰。所做的一項調查列出讀者打開和閱讀郵件的主要原因。

表 3-1

認識並信任發件人	55.9%
以前打開過發件人的 E-mail，覺得有價值	51.2%
郵件標題	41.4%
經常閱讀的郵件	32.2%
郵件預覽吸引了讀者	21.8%
打折信息	20%
免費運貨促銷	17.5%

從這組數字我們可以看到，最能夠促使讀者打開郵件的不是促銷打折，而是是否知道發件人是誰？是否信任發件人？所以很明顯，要吸引訂閱者打開你的郵件，首先要

讓他知道這封郵件是誰發的，而且要想方設法讓訂閱者記住你是誰。

在打開郵件之前，用戶通常只能看到兩個信息：發信人和郵件標題。電子郵件行銷人員也只有這兩個地方可以用心思，促使訂閱者打開郵件。

在探討怎樣寫發信人名稱和標題前，我們先看看典型的垃圾郵件是怎麼寫的。相信所有人都經常接到這樣的垃圾郵件：

> 發信人：李小姐
>
> 主題：票據代理
>
> 發信人：趙生
>
> 主題：合作信息
>
> 發信人：PDHK
>
> 主題：發票

這種郵件眼睛一掃就知道全是非法在賣發票的，不用打開就可以直接刪除。

相反，正規的電子郵件行銷人員應該在發信人名稱和標題上注意以下幾點。

1. 發信人名稱使用電子雜誌的正式名稱，並且保持一貫性，不要輕易改動

比如你的電子雜誌叫「透視市場月刊」，發信人名稱就使用「透視市場月刊」。訂戶註冊透視市場月刊時就應該已經注意到這個名稱，再加上收到確認郵件，以及每個月定期收到月刊，訂閱者自然會記住這個名字，並且產生信任感。

2. 郵件標題要準確描述本期郵件的主要內容，避免使用高調的廣告用語，用詞儘量平實

一家專業郵件行銷服務商對四千萬電子郵件的打開率進行跟蹤調查得出結論：好的標題能使郵件閱讀率達到 60%～87%，而不好的標題，郵件閱讀率只有 1%～14%。(讀者可以在這裏看到詳情：http：//www.mailchimp.com/resources/subject-line-comparison.phtml。)

打開率高的郵件標題包括：

- [公司名稱]銷售新聞
- [公司名稱]最新消息(10～11 月)
- [公司名稱]2008 年 5 月新聞公告
- [公司名稱]電子雜誌 2009 年 2 月
- [公司名稱]邀請您
- [公司名稱]祝您節日快樂
- 網站新聞第三期

而打開率很低的郵件標題包括：

- 限時促銷
- 情人節大促銷
- 節省 10%
- 假日優惠券

・情人節美容按摩大優惠

・禮券大放送

我們可以看到，那些直接平實得有點無聊的標題，打開率反而比較高。當然這也要配合訂閱者對公司名稱或電子雜誌名稱的認識度。而促銷優惠之類的東西，大家都已經從厭倦到不再關心了。

郵件標題個性化，即在郵件標題中出現訂閱者的名字通常能吸引讀者注意，大大提高用戶友好度，比如：「透視市場月刊祝您春節快樂！」

如果電子郵件行銷系統設計得當的話，可以將訂閱者名字動態插入到標題和正文中，實現個性化。看到這樣的郵件標題，就能充分感受到電子雜誌運營者對訂閱者的關注和尊重。大部份訂閱者其實並不知道這是通過程序自動實現的。

在可能的情況下，郵件標題最好也能強調郵件內容給用戶帶來那些好處。網路文案的寫作必須關注於用戶本身的需求，以及能給用戶帶來什麼好處。這也適用於郵件標題。不過區別是郵件標題不適宜太高調，而要儘量平實化一些。

綜合上面幾點，比較好的發信人及標題組合例子是這樣：

發信人：透視市場網

主題：透視市場月刊，2008 年第五期

或

主題：你知道怎樣讓嬰兒安靜入睡嗎？

對於一個正在面臨著養育下一代的父母來說，這樣的郵件打開率不會低到那裏，而且在可預見的一段時間裏不會退訂。

第四節　電子郵件的規劃和格式

解決了吸引用戶註冊和郵件發送的問題之後，還要關注郵件的具體內容及格式。

行銷郵件的內容規劃同樣適用上述原則：爲用戶著想，對用戶有用。

一、定期發送

成熟的電子郵件行銷計劃必須確定好郵件的發送頻率，並嚴格執行，千萬不要突然連續發幾封 E-mail，然後隔幾個月又沒消息了。

如果是電子雜誌月刊或週刊，當然發送週期就已經確定了，每月一次或每週一次，就算不是定期的電子雜誌形式，其他郵件列表也應該有一個適度的發送週期，通常以一個月一到兩次比較合適。這樣訂戶既不會因爲長時間沒有收到郵件而忘了自己曾經訂閱過這個郵件列表，忘了網站，甚至再次收到郵件時以爲是垃圾郵件，也不會因爲短時間內收到太多郵件而覺得厭煩，造成退訂或報告垃圾郵件。

建立固定的收到郵件的心理預期，對留住訂戶，建立信任度是非常重要的。

二、郵件內容始終如一

行銷郵件的內容不要偏離當初訂閱時所承諾的方向。如果註冊說明承諾郵件將以小竅門爲主，就不要發太多廣告。如果承諾是以新產品信息和打折信息爲主，就不要發與用戶實際上不相關的公司新聞。

承諾發送什麼內容，就要在實際的執行過程中發送什麼內容，訂戶才不會產生不滿情緒。要知道用戶對垃圾郵件的心理定義其實一直在變化中。垃圾郵件最先出現時，大家還覺得挺有意思，幾乎所有人都沒太覺得反感。隨著垃圾郵件增多，漸漸變成凡是收信人沒主動要求的、賣產品的郵件，就是垃圾郵件。這已經成爲用戶和網路服務提供商，甚至政府都公認的標準。

現在又有一種傾向，很多用戶覺得，就算我註冊了，是我要求的，但內容不符合我的預期，這也是垃圾郵件。

在這方面，用戶行爲完全不受行銷人員的控制，輕者退訂，重者報告爲垃圾郵件，會給服務器、域名帶來不必要的麻煩。

三、不要過度銷售

行銷郵件也要注意千萬不可過度銷售。除非郵件列表本身就是專門提供促銷信息的，訂戶有心理預期，不至於太反感。

絕大部份電子雜誌訂閱者看重的是對自己有幫助的行業新聞、評論、技巧、竅門等實在內容，行銷人員就應該以這些內容爲主。行銷目的當然還是要產生銷售，但在行銷郵件中不可以高調宣揚，只是簡潔地在郵件正文結尾處加一句類似這樣的話就可以了：

要想瞭解更多竅門，請點擊這裏參觀我們的網站。

或者：

××書中有更多照顧嬰兒的技巧，您可以點擊這裏參考。

也就是說，在郵件中不要硬銷售，而是提供對用戶有幫助的信息，然後以擴展閱讀的方式，推薦讀者點擊鏈結回到網站，在網站上完成銷售。

四、行銷郵件的常用內容格式

郵件正文可以分爲幾部份。

郵件抬頭通常應該首先清楚說明：

這不是垃圾郵件。您訂閱了某某某電子雜誌，這是某某某電子雜誌 2009 年 8 月號。如果您不想再繼續收到我們的郵件，請點擊這裏退訂。

這段內容必須要放在郵件最上面，讓訂閱者第一眼就看到，知道收到的是自己訂閱過的電子雜誌，確保訂閱者不會把郵件當做垃圾郵件報告。如果想退訂也很簡單。接下來是簡單的郵件內容目錄。如果郵件包含 2～3 篇文章，可以在這裏列出文章名稱及一到兩句話的簡要說明，讓訂閱者可以一目了然地瞭解郵件內容，再決定要不要繼續閱讀。當然如果每封郵件只有一篇文章，這部份可以忽略。

接下來就是郵件正文，通常應該是 2～3 篇文章。在文章結尾處可以適度地以擴展閱讀的方式推銷一下網站上的產品。另外如果郵件中有賣給第三方廣告商的廣告位，可以穿插在文章中間，但應該以清楚的文字標明中間是廣告內容。主要文章內容結束後，應該有一小段下期內容預告，列出下一期文章內容標題及簡介，吸引訂閱者期待下一期郵件，儘量減少退訂率。

最後是頁腳。這一部份必須包含用戶註冊信息，比如這樣的格式：

您收到這封郵件是因為您在某月某日，從 IP 地址×××訂閱了×××雜誌。

然後是隱私權及退訂選擇：

我們尊重所有用戶和訂閱者的隱私權。如果您不希望再收到×××雜誌，請點擊這裏退訂。

「隱私權」和「點擊這裏退訂」兩處文字鏈結到相應的隱私權政策頁面和退訂程序鏈結。

另外一個可以放在這裏但有一些爭議的內容是，可描述一下怎樣訂閱本電子雜誌，比如：

如果您是從朋友那裏收到轉發的這封郵件，並且喜歡看到的內容，您可以點擊這裏，在我們的網站上訂閱某某雜誌，以後您也可以收到我們的雜誌。

目的是當訂閱者把這封郵件轉發給他的朋友時，收到轉發郵件的人也可以清楚地知道自己怎樣訂閱。

在頁腳也可以鼓勵訂閱者把收到的郵件轉發給他的朋友，但是應該強調，只能轉發給訂閱者認識的朋友，不要發給不認識的人而變成垃圾郵件。

五、使郵件個性化

整個郵件都要強調個性化，也就是說，在標題中巧妙插入訂閱者的名字，吸引讀者打開郵件。在郵件內容中也要在適當的地方插入訂閱者名字。比較兩個郵件的開頭文字：

> 親愛的讀者：
>
> 歡迎您打開某某雜誌第 37 期。在這一期我們為您準備了……

加入個性化的正文：

> 親愛的：
>
> 感謝您對我們的支持。在某某某週刊第 17 期，我們為您準備了……

這兩個開頭那個顯得更貼心，更能吸引讀者繼續閱讀，顯而易見。

訂閱者名字的動態插入在設計電子郵件行銷系統時就要考慮進去。對一個程序員來說難度並不高，但行銷人員必須記得提醒程序員要包含這個功能。

六、HTML 郵件設計

現在的郵件通常是 HTML 格式。從原理上說，整個 HTML 郵件可以設計得和網頁一樣，但在實際中卻不是如此。

首先，郵件內容寬度應該限制在 400～500 象素，而不像普通網頁的設計至少以 800 象素寬的顯示器為基礎。用戶無論是使用用戶端軟體，還是使用免費郵件的 Webmail 形式，真正顯示內容的區域只是顯示器的一部份。很可能左側顯示文件夾，右側還有廣告，只留下中間 400～500 象素的寬度。如果郵件設計者還是按普通網頁尺寸設計，展現在讀者眼前的很可能是變形錯位的排版，具體效果完全無法預測。

在郵件設計上應該儘量簡單。HTML 郵件允許使用圖片，也應該使用，但最好不要超過 2～3 張圖片。實際上只要在郵件頭顯示網站或電子雜誌 Logo，在郵件尾插入 1×1 象素的跟蹤隱藏圖片就足夠了。其他的都靠顏色、字體和排版來展現風格。

排版時應該儘量使用在網頁設計中已經顯得過時的表格(Table)，而不要使用樣式表。表格也要儘量簡單，避免使用多次嵌套。原因是用戶可能使用的作業系統、用戶端軟體、流覽器版本、免費郵件 Webmail 的渲染處理方式千差萬別，固定寬度的表格最容易控制排版效果。有些

Webmail 甚至會直接刪除 HTML 郵件中的樣式表，因爲怕和郵件主頁面中的樣式表起衝突。

太複雜的嵌套表格最後展現出來的排版形式也可能和設計者自己看到的不一樣。爲避免不可預期的排版錯誤，HTML 郵件的排版設計越簡單越好。

心得欄

第五節　運用電子郵件行銷產品和服務

透過一個案例，介紹怎樣綜合運用電子郵件行銷技巧，正確進行電子郵件行銷產品和服務。

一、註冊表格

首先，註冊表格放置在每一個網頁左側導航最上面。由於空間與排版的原因，除必要的填寫姓名及電子郵件的兩行表格外，說明文字相對比較簡單：

> 立即註冊 7 天免費電子郵件教程——網上創業新手指南，價值 1500 元。並下載價值 700 元的 5 本網路行銷電子書，以及獲得終身免費訂閱「動力」電子雜誌。

然後是需要填寫的姓名及電子郵件表格。表格下面以較小字體標註：

> 您的電子郵件位址交給我們是安全的。我們絕不分享、出售、租用任何用戶信息給第三方。我們也絕不發送垃圾郵件。您可以隨時退訂電子雜誌，並保留所收到的免費禮物。

然後使用 JS 腳本以及 cookies 控制一個彈出視窗，在新用戶訪問網站時出現。彈出視窗中有比較多的空間，所以說明文字更細緻一些：

> 現在就揭秘怎樣網上賺綫！
>
> 註冊 7 天免費郵件教程——網上創業新手指南，價值 1500 元。一步一步教會你創建網上生意，經過驗證的網上賺錢技巧。
>
> 你還會收到價值 100 元的 7 本網路行銷電子書，以及終身免費訂閱「動力」電子雜誌。現在就註冊並下載免費禮物。

填寫下面的表格，你就會收到 7 天的免費教程。

文字中的用戶評價是真的，不是編造的。

然後是姓名、郵件填寫表格，以及提交按鈕。表格下面與普通網頁上的註冊表格一樣，以小一號的字體標明隱私權保證。

然後文字繼續：

> 教程手把手地教你怎樣在網上創建和運行一個成功的賺錢的網站。題目包括：
>
> ·為什麼要在網上做生意？
>
> ·網上生產的贏利模式。
>
> ·怎樣尋找到利基市場和產品？
>
> ·怎樣寫網站方案？
>
> ·怎樣讓流覽者哭著喊著找你買東西？

·免費及低成本的網路行銷技術。

·優化這個銷售流程。

·怎樣尋找後續銷售產品，賺更多錢？怎樣開拓更多贏利管道？

·還有更多……

每一課都附贈一本非常有價值的網路行銷電子書，提供更詳細的信息。你將收到的電子書價值 700 元：

·網上生意成功。

·怎樣撰寫和銷售電子書？

·網上生意運行。

·網站設計完全手冊。

·怎樣撰寫高效網站方案？

·百萬富翁行銷手冊。

·無限流量的 7 個秘密。

這時再出現一次註冊表格，這樣已經讀到這裏的流覽者可以直接填寫註冊，不必返回彈出視窗頂部。無論是在普通頁面上還是彈出視窗，用戶填寫提交註冊表格後都會立即被轉向到確認頁面，網頁上的文字是：

謝謝訂閱我們的電子雜誌「動力」。

我們實行嚴格的雙重選擇進入，您只需要再做一步，就可以完成註冊過程，收到免費教程及電子書。請現在立即查看您的郵箱。你應該已經收到寄自網站動力的一封確認郵件，請立即點擊這封郵件中的確認鏈結。點擊了鏈結後，訂閱過程就正式完成，你將立即收到免費教程的第一課及第一本電子書。

同時，請您將我們的域名放在您郵箱的白名單中。如果您使用自己的郵件服務器，請把我們的電子郵件位址×××放入您反垃圾管理軟體的白名單中。如果您是使用雅虎、hotmail 等免費郵箱，請您把我們的電子郵件位址×××存入您的地址簿。這樣您才能確保收到我們的每一封郵件，以及所有教程和免費電子書。

感謝您的訂閱，請立即查閱您的郵箱。

二、確認郵件

訂戶通常會在幾秒鐘，最多幾分鐘之內收到雙重選擇性進入確認郵件。

發信人：動力

郵件標題：立即確認訂閱動力月刊

確認郵件內容和顯示在確認頁面上的文字類似，最大的區別是提供了確認鏈結。

親愛的李立軍：

非常感謝您訂閱我們的電子雜誌及免費郵件教程。

我們實行嚴格的雙重選擇進入，請您立即點擊這個訂閱確認鏈結，完成訂閱過程，確認訂閱後，您會立即收到教程的第一課及電子書下載鏈結。

如果您還沒有把我們的郵件地址放入您的郵箱白名單中，請儘快這麼做。如果您使用自己的域名和郵件服務器，您需要把我們的郵件位址放入您的垃圾郵件篩檢程式白名單中。如果您是使用雅虎、hotmail 等免費 Web 郵件，您只要將我們的電子郵件位址存入您的位址簿中。

確認訂閱後，我們每個月將向您發送最新的網上賺錢技巧，幫助您創建和行銷您的網站，以網路為生。

如果您沒有自願訂閱我們的電子雜誌，您只需忽略這封郵件，不要確認就可以了。我們不會再向您發其他郵件。

您的訂閱信息是：

· 姓名：

· 電子郵件位址：

· 註冊日期：

· IP 地址：

再次感謝您的訂閱。

動力編輯部

用戶點擊郵件中的確認鏈結後，程序將自動處理，把訂戶正式加入數據庫，並顯示一個訂閱完成頁面：

謝謝您確認訂閱我們的「動力」電子雜誌及免費教程。您的教程第一課和第一本電子書已經發送到您的電子郵件，請查收。

在接下來的幾天裏，我們將每隔一天向您發送教程及電子書下載鏈結。同時，我們將在每個月1號向您發送「動力」電子雜誌，提供最新的網上賺錢技巧。

請立即查看您的郵箱吧。

三、免費教程開始

用戶再次查看郵箱，會收到正式確認郵件，以及免費教程的第一部份。

發件人：動力

標題：李立軍，您的免費教程和電子書已經準備好了。

郵件正文中的前幾段內容是：

李立軍，您好！

感謝訂閱「動力」電子雜誌。

您將每個月收到在網上賺錢的最新技巧、搜索引擎優化技術、文案寫作、網站推廣等內容，幫助您開始網上賺錢，最終實現炒掉老闆，以網路為生的目的。

在我們每封郵件的最上面和底部都有退訂鏈結。如果您不希望再收到我們的郵件，可以隨時點擊退訂鏈結。

我們尊重所有訂戶的決定。一旦退訂，我們不會再給您發送任何郵件。

像在網站上承諾的，下面是網上創業新手指南教程的第一課和免費電子書下載鏈結。

然後是教程的第一部份。教程的每一部份實際上篇幅都不短，每封 E-mail 都有四五千字。

四、郵件標準內容

自動連續發送的郵件教程以及日常的電子雜誌，還都有如下幾部份標準內容。最上面的訂閱說明：

> 這封郵件是發送到×××電子郵件位址。
>
> 這不是垃圾郵件。您收到本郵件是因為您訂閱了「動力」電子雜誌。如果您不想再收到我們的郵件，請點擊這裏退訂。

然後是電子雜誌 logo 顯示在左側，右面顯示文字：7 天免費電子郵件教程，動力。

郵件正文的底部統一內容爲：

> 您收到這封郵件是因為您訂閱了「動力」電子雜誌。如果您覺得我們的電子雜誌和免費教程對您有幫助，歡迎您把本郵件轉發給您的朋友。但是請注意，只能轉發給您認識的朋友。
>
> 如果您是從朋友那裏收到這封郵件，您可以點擊這裏訂閱我們的「動力」電子雜誌，並收到完整的網上創業新手指南教程和 7 本珍貴的電子書。
>
> 我們絕不會把您的信息透露給第三方。我們也尊重所有訂戶的隱私權和退訂決定。如果您不想再收到我們的電

子郵件，請點擊這裏退訂。

您的訂戶信息是：

·姓名：

·電子郵件位址：

·註冊日期：

·IP 地址：

在用戶訂閱後第三天，電子郵件行銷系統會自動發送教程的第二課，以及第二本免費電子書的下載鏈結。依此類推，每隔一天發送一課。

在每一個教程或每一期雜誌正文快結束時，通常都會有一段帶有推銷性質的話，大致都是這樣結束：

我們的教程對初學者是非常有幫助的，可以引領您進入網路行銷領域。如果您想學習更高級的網上賺錢技巧，請點擊這裏查看我們網站上的更多信息。

今天就寫到這裏，下一課您將會學到：

·兩種最有效的網上贏利模式

·怎樣尋找正確的利基市場？

·怎樣尋找開發或尋找產品？

·讓你的目標市場哭著喊著想跟你買。

祝好

動力雜誌

每個月發送的電子雜誌結尾的預告部份，就預告下一期電子雜誌的大致內容。通常會事先準備好幾個月的電子雜誌內容。

上面所描述的是最典型的電子郵件行銷方法。網站動力電子雜誌在兩年時間內吸引了近兩萬名訂閱者，平均訂閱轉化率是 8%，也就是說每 100 個訪問者中有 8 個人訂閱。從電子郵件中的鏈結點擊來到網站後所產生的銷售佔整個網站銷售額的 30%。

不同的企業、不同的網站、不同的產品，在運用電子郵件行銷時，當然應該有不同的方式和特點，不能照搬其他人的做法，但總體思路都很類似。通過最初的連續教程式郵件強力促銷，持續接觸用戶，提醒用戶網站的存在。但大部份訂戶還是不會購買任何東西，在接下來的電子雜誌中再持續提供對用戶有意義的文章。只要用戶不退訂，就有機會產生銷售。

心得欄

第六節　其他的電子郵件行銷案例

一、售後自動郵件及後續銷售

除了以訂閱電子雜誌爲基礎的典型電子郵件行銷外，電子郵件還可以更廣泛地應用在網路行銷上。

通過電子郵件與客戶進行直接溝通，收集回饋意見，提供客戶服務，當然是最基本的形式，無需多解釋。

通過電子郵件給流覽者帶來信任感，從而將網站流覽者轉化爲付費客戶。用戶成爲付費客戶以後，還可以繼續使用電子郵件進行後續行銷。

獲取一個用戶的成本比維護一個用戶要高得多，說服現有用戶再次購買比說服一個陌生人購買要容易得多。付費用戶已經沒有心理防線，用自己的錢包給網站投了信任票，只要產品或客戶服務不是太差勁，向這同一批現有用戶發送行銷郵件，轉化率比售前的電子雜誌高得多。

如果你賣的產品是需要長期使用、定時補貨的，如化妝品、電腦耗材(油墨、打印紙等)、嬰兒奶粉、尿布，甚至老年人營養液等，行銷人員可以大致估算一下，過多長時間產品會被消費完、用戶需要補貨，在客戶需要補貨前，發一封適時的提醒郵件。

假設一瓶美白乳液通常 90 天用完，在用戶買了一瓶美白乳液後的第 75 天左右發一封郵件給顧客，提醒她們可能又該買乳液了，網站爲現有顧客提供熟客小折扣，或者給予一定金額的禮券，贈送小禮品等。正常來說，用戶對這類產品都是長期使用，不得不繼續購買。如果原來購買的網站不提醒客戶，客戶就有可能再次去網上搜索，尋找新賣家。需要再次購買時適時收到一封提醒郵件，還給予一定的折扣，用戶反正也是要買，何不繼續從你這裏買呢？

一些不需要長期購買的產品，也可以想其他方法促使用戶再次購買，比如銷售童裝的，完全可以在六一兒童節或春節前做促銷活動，發一封郵件給所有現有客戶，提供忠實用戶才有的折扣、積分、抽獎機會、小禮物等，用戶的採購名單中肯定會加上你的網站。

這是一個簡單而又顯而易見的行銷手法，但現實中充分利用郵件向現有客戶後續行銷的卻不多。

二、序列自動回覆郵件

用戶訂閱電子雜誌後可以以系列教程的方式自動發送一系列郵件，既使用戶學到有益的知識，也重覆提醒用戶網站的存在，進而產生銷售。除此之外，還要定時發送電子雜誌。

這個過程也可以簡化，取消電子雜誌部份，只設立一個序列郵件自動回覆程序(sequential autoresponder)，發送 7～10 篇序列教程。與完整的電子雜誌行銷手法相比，這比較近似於一錘子買賣。在這個自動郵件序列完成之後，如果用戶還沒有購買任何東西，那麼行銷人員也不再繼續發送其他郵件了。

81%的銷售是產生在第 5 次與用戶的接觸之後。在第 7～10 次與用戶接觸以後，所能完成的銷售比例就已經大致趨於平緩。接觸次數再多，也不會有銷售的明顯上升。所以通過 7～10 次的系列教程，已經在很大程度上可以完成電子郵件行銷任務。其優勢是整個過程可以完全自動化，一次設置好就不必再做任何工作，沒有後續規劃和發送電子雜誌的麻煩。

還有一個好處是，這種單純的系列教程不包括電子雜誌，不僅可以在網站上設立註冊表格，還可以在論壇、分類廣告、黃頁等地方推廣。與電子雜誌類似，發佈的信息中要告訴用戶可以得到一個免費系列教程，或者再加上其他(如優惠券等)鼓勵，獲得的方法是發一封郵件到特定的電子郵件位址，而無需註冊表格。這個特定的郵件位址被設置成一個自動郵件回覆器，凡是向它發送 E-mail 的，自動按序列回覆事先設置好的郵件。

很多網站爲避免維護電子雜誌的長期工作量，使用這種一次性的系列郵件效果也相當不錯。

三、收費電子雜誌

免費的電子雜誌，用戶只要註冊就能得到電子書、教程、小程序、優惠券等，無需任何費用，網站的贏利是通過其他產品的銷售。

其實，電子雜誌本身也可以是收費的，與網上無數的免費電子雜誌相比，目前收費電子雜誌數目很少，但如果運營得當的話，贏利能力也相當不錯。

比如有的人提供股票市場預測、買賣信號發佈的電子雜誌，收費可以達到每年上千美元。這樣的電子雜誌用戶不必多，只要有 500 個，年收入就達到 50 萬美元。一旦整個系統設計好，運營成本非常低，近乎爲零。像這樣的收費電子雜誌在一些高價值領域時有所見。

當然，能運營這樣的電子雜誌的前提是，寫內容的人得是專家，給出的預測信號和成功率得夠高。只要你能用業績證明你在過去所做的預測大部份是正確的，每年 1000 美元訂閱投入就變成小數字了。這是以質取勝的方法。

還有一類是以量取勝。有的人創建電子雜誌，每天發送一篇短小的文章，提供一些小竅門，收費極爲低廉，一年 3 美元。令人稱奇的是，最後這個電子雜誌達到了 20 多萬付費用戶，同樣也能達到每年 50～60 萬美元的收入。一年 3 美元對大部份人來說根本談不上是個負擔，只要內容還有點用，就算物有所值。

對收費電子雜誌的運營方式，大部份人持懷疑態度。現在網上這麼多免費信息，看都看不完，誰還會多花一分錢去付費訂閱電子雜誌呢？上面說到的例子就很好地回答了這個顧慮。不是做不到，而是看你怎麼做。

其他行業付費電子雜誌也不是沒有機會，關鍵看內容品質如何和怎樣操作。

四、收費廣告

另一個常見的郵件列表贏利方式是收費廣告。如果電子雜誌訂戶達到 2000～3000 人，就有了賣廣告的潛力。廣告商支付一定的廣告費，在電子雜誌中插入 4～6 行廣告文字及鏈結。

在電子雜誌投放廣告的最大好處是，目標讀者群通常非常精準。註冊電子雜誌的訂戶已經經過了一次過濾，只要廣告商產品與電子雜誌內容話題相關，並且廣告文案寫得好，鏈結點擊率達到 30%以上是很常見的。這樣的廣告效率比很多其他網路廣告要高得多。

通常電子雜誌廣告收費按每千名訂戶計算。在英文網站中，一個目標不太精準，話題比較寬泛的電子雜誌，每千名訂戶大致可以收取廣告費 3～5 美元，每一個訂戶收費不到一美分。一個比較專業的、目標市場明確的電子雜誌，就可以收到每千名訂戶 10～15 美元。如果是商業化比較強的電子雜誌，每千名訂戶可以收取到 30 美元廣告費。有一些高度精準，高度商業化的電子雜誌，比如在 B2B 市場，廣告收費甚至可能高達每千人 50～80 美元以上。

電子雜誌可以在文章間隔處插入 2～3 個廣告。假設有一萬名訂戶，訂戶目標精確性中等，那麼每期電子雜誌可能收到廣告費 200～450 美元。

剛開始郵件列表中還沒有多少人時，比如只有兩三千個訂戶，按每千名訂戶收取費用不一定合適，也可以收取固定價格，比如每期 50 美元。

由於電子雜誌通常都是高度目標精準，而且讀者有很高的忠誠度，很多訂戶多、歷史久的電子雜誌可以很輕易地賣出廣告位。電子雜誌運行人員經常會給予一定的廣告價格折扣，尤其是新廣告客戶。對廣告客戶來說，用幾分錢的價格把廣告信息送達到高度精準的目標用戶群眼前，還是很划算的。

搜索「郵件列表廣告價格」，發現中文電子雜誌廣告價格與英文不相上下，價格高的收取每名訂戶 5 元費用。

如果你是買電子雜誌廣告的廣告商，需要注意兩點。一是找到一個可能效果不錯的電子雜誌表時，先不要馬上投入全額廣告費用，應該與電子雜誌編輯商量，先投放少量廣告，比如一千個讀者，測試一下效果。如果點擊率、轉化率滿意，再大規模投放廣告。

二是電子雜誌中的廣告內容需要進行測試，一般來說，直接在電子雜誌中推廣產品效果並不好。而在電子雜誌裏推廣自己的電子雜誌，效果就比較好，因爲目標讀者已經對電子雜誌這種形式很熟悉，不會排斥。

有些網站專門提供電子雜誌廣告仲介服務，雜誌編輯把自己的訂閱數、廣告價格列出來，廣告商可以流覽並選擇適合的電子雜誌投放廣告。

心得欄

第七節　跟蹤與監測電子郵件行銷效果

任何行銷活動都必須能測量行銷效果，計算投資報酬率，才能去僞存真，把精力和時間放在有效的行銷手法，剔除無效賠本的行銷活動。電子郵件行銷同樣如此。

不過電子郵件行銷的效果監測並不是很直接，需要一些技巧才能實現。網上的一些文章及有關電子郵件行銷的書籍也會論述郵件送達率、閱讀率、點擊率的重要性，但很少見到有資料探討怎樣測量電子郵件的送達率、閱讀率、點擊率。

一、郵件列表註冊轉化率

郵件列表註冊轉化率即完成電子雜誌註冊人數與訪問網站的獨立 IP 人數之比。測量方式是參考網站流量統計中的獨立 IP 人數，提交電子雜誌註冊表格後所顯示的確認網頁次數，以及電子雜誌數據庫中最終完成雙重選擇加入的總人數。

以確認頁面顯示次數除以獨立 IP 數，就得出註冊轉化率，還不是最終完成註冊的轉化率。以電子雜誌數據庫中的總人數除以獨立 IP 數，才是最終電子雜誌轉化率。計算都是以某段時間爲標準，比如按日，週或月得出的轉化率。

通常電子商務網站銷售轉化率在 1%左右屬於正常。郵件列表或電子雜誌的轉化率應該更高，達到 5%～20%都屬正常。

與轉化率功能相似的另外一個監測指標是訂戶總數，這也是站長們看著最欣慰的數字。一般網站不可能一下達到幾萬電子雜誌訂戶，每天增加 10～20 個都很正常，持之以恆一年就可以達到幾千個訂戶。幾年下來，你就有上萬訂閱者。

訂戶人數增長率也應該給予重視。在網站流量保持平穩的情況下，如果增長率明顯變化，站長就應該檢查一下是否有技術問題？給予的訂閱禮物是否已經過時，不再有吸引力？必要時在網站上做一個用戶調查，看看是什麼原因造成訂戶增長率下降。

二、退訂率

訂閱用戶單擊郵件中的退訂鏈結後，其電子郵件位址將從數據庫中刪除，電子郵件行銷系統後臺應做相應記錄。

退訂是無法避免的。我個人的經驗，幾乎每次發送一期電子雜誌，都會有一些人退訂。但退訂率如果不正常的話，如 20%～30%，行銷人員就要審查自己的郵件內容是否太高調、太商業化？是否發送郵件次數過多？郵件內容是否與當初標榜的電子雜誌宗旨保持一致？文章是否對用戶有益？

只要郵件內容保持高品質，真正對主題感興趣的用戶通常不會輕易退訂。就算對某期電子雜誌內容不感興趣，也不能斷定以後內容都不感興趣，除非連續幾期接到的郵件都是通篇廣告。如果行銷人員確信郵件內容是高品質的，退訂的那部份大概也不是你的目標用戶，而是爲了免費禮物而訂閱，或者只是因好奇而訂閱。

三、郵件送達率

以發送郵件總數(通常就是數據庫中的訂戶總數)減去接收到的退還郵件數目，就是送達的郵件數。以送達郵件數除以發送總數，就得到送達率。

送達率顯示郵件已進入用戶郵箱的比例。不過進入郵箱卻不一定意味著用戶能看到這封郵件。郵件有可能直接就進了垃圾文件夾，有可能用戶只看了標題就刪除了，這些郵件也都是被計算在已送達數字之內的。所以實踐中送達率是一個必須知道，但實際意義卻比較小的數字。用它來衡量用戶看到郵件的真實情況，誤差比較大。在實踐中，郵件打開率或者叫閱讀率，比送達率更有意義。

四、郵件打開率/閱讀率

郵件打開率/閱讀率直接說明用戶真正打開郵件的比例。

測量方法是在郵件的 HTML 版本中，嵌入一個象素 1×1 的跟蹤圖片文件。每封郵件的跟蹤圖片文件文件名都不同，如第一期雜誌圖片文件名爲 tracking200801.jpg，第二期雜誌的跟蹤圖片文件名爲 tracking200802.jpg。

當用戶打開郵件，郵件用戶端就會調用位於網站服務器上的這個跟蹤圖片文件。從服務器日誌中記錄的這個圖片文件被調用的次數就可以知道相應郵件的被閱讀次數。

和網站訪問一樣，這個文件調用還可以分爲獨立 IP 調用次數和總調用次數。每一個獨立 IP 代表一個用戶，獨立 IP 調用次數除以發送郵件總數，就是比較準確的郵件閱讀率。追蹤圖片文件總調閱次數往往會更高，因爲同一個用戶可能多次打開這個郵件。

郵件打開率或閱讀率才真正代表郵件信息展現在用戶面前的比例。當然，如果進行更仔細的分析，這樣得出的郵件打開率也還並不一定能代表用戶真的認真閱讀了郵件內容。很有可能用戶打開郵件，只看了兩秒鐘就去看另外一個郵件了。用戶真正仔細閱讀郵件內容的次數是無法計算的，至少目前，還沒有方法能統計。

另外一個不精確的地方是，如果用戶選擇訂閱純文本格式郵件，或者他的郵件用戶端因爲某種原因只能顯示成純文字版本，這樣的閱讀次數從技術上沒有辦法進行統計。好在現在所有的郵件用戶端及免費 Web 郵件都支援 HTML 郵件，除非用戶特意設置成隻閱讀純文字版本。

五、鏈結點擊率

在每一封郵件中行銷人員都不可避免地會適當推廣自己的產品或服務，形式就是提供一個指向自己相應網頁的鏈結，吸引用戶點擊鏈結來到網站，產生銷售。

不過行銷郵件中的鏈結不能是普通的 URL。如果在郵件中放上普通 URL，行銷人員將無法把來自電子郵件的點擊與直接在位址欄輸入 URL，或從流覽器書簽訪問網站區別開。在網站流量統計中，這些訪問都是沒有來路的，都被算作直接流量。

正確的方法是：每一期電子雜誌中的行銷鏈結都給予一個特定的跟蹤代碼。

這樣，服務器日誌文件和郵件行銷系統都可以鑑別這些點擊是來自電子郵件，也可以區別出是來自那一期電子雜誌。這些點擊 URL 整合在電子郵件行銷系統程序中，由程序(如上面例子中的 eztrack.php 腳本)自動計算被點擊次數，生成相應的點擊率。

有的行銷系統做得更細緻，在郵件頭、尾、中間出現幾次行銷鏈結，某一個鏈結都給予不同的跟蹤代碼。比如：

這樣，行銷人員就可以知道，訂閱者是更喜歡點擊郵件頭部導航的鏈結？還是更喜歡點擊正文中的推薦鏈結？還是郵件結尾處的號召鏈結？有了這些統計數字，再查看郵件的佈局、內容，就可以瞭解用戶的目光通常會被吸引在什麼地方？什麼樣的措辭和內容更吸引用戶點擊鏈結？

如果電子郵件行銷系統不具備點擊統計功能，站長可以在服務器端人工設定 URL 轉向，然後通過網站流量統計系統計算訪問次數和點擊率。

電子郵件點擊率是更爲精準的測量電子郵件行銷效果的指標，說明用戶不但看了你的郵件，對你所推廣的產品還產生了興趣。

六、直接銷售率

當然最有效的電子郵件行銷是要產生銷售。要統計從電子郵件產生的具體銷售數據，就需要綜合運用上面所討論的鏈結點擊統計和連署計劃。簡單地說，每一期電子雜誌的所有鏈結，都給予一個特定的連署計劃 ID，這樣，凡是電子郵件帶來的銷售數字都會被連署計劃程序準確記錄。具體原理和做法，請參考連署計劃部份。

這裏要強調的是，通過這種方式統計實際銷售數字，是非常強有力的電子郵件行銷效果監測手段。它能告訴行銷者電子郵件行銷帶來的實際銷售金額和利潤率。

各種行銷活動，無論是帶來眼球、點擊訪問，還是品牌，其最終宗旨都無非是產生銷售。借助連署計劃程序的靈活運用，電子郵件行銷也可以精確統計投資報酬率。

心得欄

第八節　電子郵件行銷系統設計

1. **用戶註冊**

用戶填寫在線表格後，系統將記錄用戶姓名、電子郵件位址，並發送雙重選擇性加入確認郵件。用戶單擊了確認郵件中的確認鏈結後，系統才正式將用戶加入郵件列表數據庫。

沒有確認的註冊用戶需要定期清理，如 1～3 個月，也可以考慮用戶註冊後 3～5 天內沒有確認的話，自動發送一封提醒確認郵件，但這種方法比較少使用。

2. **退訂功能**

系統應該有一個程序是自動執行退訂功能。當用戶單擊每封郵件中的退訂鏈結，如×××時，腳本×××，自動將用戶數據刪除。或標記爲已刪除用戶，不再向已刪除用戶發送任何郵件，不過數據本身保留，做日後參考。「退訂」鏈結除了需要包括訂戶的郵件位址外，還可以包含一個系統生成的序列號，防止有第三者惡意將用戶退訂。只要知道用戶的電子郵件位址，第三方就有可能直接打入特定的退訂位址。加入系統自動生成的序列號後，第三方通常難以知道這個序列號，除非訂戶自己把郵件轉發給其他人。

3. 檢測和刪除無效地址

註冊過郵件列表後不意味著每個郵件位址都能收到電子郵件。每次發送行銷郵件後通常都會收到一部份退回郵件，系統需要自動檢查這些退回郵件，並刪除無效位址。

發送電子雜誌時應該使用一個專用的電子郵件作爲發信人位址，退回的出錯信息也都會退到這個位址。電子郵件行銷系統程序要自動檢查這個郵件位址，對退回信息中的出錯信息進行分析，採取相應行動。

退回的郵件有兩種：軟退回和硬退回，需要區別對待。硬退回是指郵件地址已經不存在，主要原因有諸如免費郵件賬戶已經取消或被刪除，免費郵件提供商停止服務，或者域名不存在、已過期，以及用戶輸入電子郵件時打錯了位址、拼寫錯誤等。在硬退回的錯誤信息中，會有相應的錯誤代碼，典型的如：

對發生硬退回的無效位址通常應該直接刪除，因爲沒有可能進行矯正。唯一的例外是對最常用的免費郵件位址，有可能是拼寫錯誤，如 hotmail.com 拼寫成 htmail.com。對這些明顯拼寫錯誤的位址，可以嘗試人工修改。

軟退回指的是郵箱已滿，或對方郵件服務器暫時出現技術問題，或從發件服務器到收件服務器之間的網路出現了暫時問題。

系統對軟退回位址應該給予保留，因爲過一段時間問題就可能解決了，郵件又可以正常送達。但是如果連續一段時間，比如發送3～5次郵件後，同一個郵件位址總是出現軟退回，系統應該刪除這樣的位址。連續幾個月出現技術問題不太可能，因爲幾個月郵箱都處於已滿狀態，說明用戶大概不再使用這個郵箱了。

4. **創建電子雜誌**

系統管理員在後臺可以創建多個電子雜誌或郵件列表，定義相關的電子雜誌名稱，系統自動生成註冊表格。有的網站很可能運行不止一個電子雜誌，所以在後臺自由創建郵件列表功能，給予行銷人員最大的自由。

5. **創建、編輯及預覽郵件**

行銷人員需要發送郵件到整個郵件列表時，可以在後臺創建一個郵件，填寫郵件標題、發信人，以及在編輯框中輸入郵件正文。

郵件的編輯視窗應該有兩部份：填入HTML版本和純文字版本。電子郵件應該使用MIME格式，即同一封郵件中包含有HTML及純文字版本，收信者的用戶端軟體或Webmail將自動進行處理，支援HTML格式的郵箱將自動顯示HTML版本，由於某種原因不支援HTML版本的將顯示純文字版本。

系統後臺還應該有郵件預覽功能，這可以有兩種方式：一種是，如果程序員非常熟悉所有作業系統下運行的常見郵件用戶端軟體，以及最常用的免費郵箱Webmail展示 HTML 郵件的方法，那麼可以在後臺直接生成在這些不同的郵件用戶端及 Webmail 下郵件將以怎樣的格式被顯示。這需要程序員對常用郵件用戶端及 Webmail 渲染郵件的方式非常熟悉，而且編程工作量也不小。

另一個簡單的方式是，允許創建郵件的行銷人員將郵件發往幾個不同的測試郵件位址，包括自己的域名、雅虎、Hotmail 等，然後行銷人員在這些郵箱位址檢查郵件效果。

用戶可能使用的作業系統，郵件用戶端軟體很多，每種還都有不同版本，再加上各式各樣的免費 Webmail，造成 HTML 版本郵件展現在用戶螢幕上的格式有可能出現各種差異，所以預覽功能是十分必要的。

6. 預設自動回覆郵件

行銷人員在後臺應該可以自行創建這一系列的自動回覆郵件。並且和普通郵件一樣配有編輯及預覽郵件功能。

管理員可以定義每一封郵件應該在什麼時間發送，比如用戶註冊完成後立即發出教程一，註冊第三天發出教程二，第五天發出教程三，行銷人員可以在後臺定義和修改時間間隔。

7. 記錄註冊信息

除了記錄用戶姓名及電子郵件位址外，系統還應該記錄用戶註冊時所在的 IP 地址，以及精確到秒的註冊時間。這是作爲用戶註冊的證據，萬一發生用戶把郵件當做垃圾郵件投訴時，行銷人員可以提供準確的用戶註冊信息爲自己辯護。僅提供姓名及郵件地址是沒有用的，而提供準確時間及 IP 地址，所有的 ISP 及垃圾郵件黑名單組織都承認和接受。

8. 個性化信息插入

在標題及郵件正文中插入個性化信息是使訂閱者產生親切感及信任感的有利手段。郵件系統後臺應該給行銷人員一個簡單易用的插入個性化信息的方法。

9. 圖片使用

在 HTML 版本郵件中使用圖片是美化郵件最有效的方式。要注意的是，郵件中的圖片必須是放在網站服務器上的。在郵件中調用圖片時，必須使用絕對 URL，不能是相對 URL，也就是用完整的 URL：

習慣於網頁設計的人員也許會忽略這一點，因爲在設計網頁時經常使用相對路徑。

10. 格式選擇

有的電子郵件行銷系統允許用戶選擇，要接收 HTML 版本還是純文字版本。後臺應該根據用戶的選擇，發送相應版本。實際上選擇 HTML 版本的，將收到正常的 MIME 格式，也就是包含了 HTML 版本及純文字版本。而選擇純文字版本的用戶，將只收到純文字版本。

11. 存檔管理

除了發送過的郵件在後臺都要留有存檔外，很多網站也會把電子雜誌發佈在自己的網站上，供所有流覽者閱讀。既可以在單獨的網站內容管理系統中人工添加每期新的電子雜誌內容，也可以由電子郵件行銷系統自動將每期電子雜誌內容發佈到網站的相應目錄下。

網站上有電子雜誌存檔時，發給訂戶的郵件裏可以在最前面加上一句:「如果您的郵件顯示有問題，請點擊這裏閱讀網上版。」

將電子雜誌發佈在網站上既可以豐富網站內容，增加被搜索引擎發現和排名的機會，也可以吸引更多人因爲看了存檔的雜誌內容而被說服訂閱電子雜誌。

12. 人工增加、編輯用戶信息

在某些特殊情況下，行銷人員可以在後臺人工添加訂閱用戶，不過要非常謹慎，因爲這樣增加的用戶沒有辦法記錄用戶本身的 IP 位址及註冊時間。行銷人員必須要確認訂戶主動要求訂閱時才添加這個用戶，以免日後麻煩。

編輯用戶信息在諸如用戶 E-mail 位址明顯拼寫錯誤的情況下是有效的。

13. 點擊跟蹤

電子郵件中起行銷作用的鏈結最好直接整合進郵件行銷系統，可以更加方便、直觀地觀察電子郵件行銷效果。電子郵件行銷系統的跟蹤程序應該允許管理員創建跟蹤鏈結並要在郵件中使用，並且每次鏈結被點擊時記錄點擊數據。

行銷人員在郵件中使用的是跟蹤鏈結，而不是實際

URL。跟蹤鏈結被點擊時，相應的跟蹤腳本將記錄點擊次數，然後將用戶轉向至展示實際產品的URL。

當然跟蹤鏈結中還應該包含郵件期號信息，甚至鏈結本身的位置信息。這樣行銷人員在後臺就可以直觀地看到每一期電子雜誌有多少人點擊了郵件中的那個廣告鏈結。

14.綜合統計數據

直觀顯示諸如總訂閱人數、退訂率、用戶增長率、郵件送達率、閱讀率。

15.郵件分批發送功能

當郵件列表中只有幾百或幾千個郵件地址時，一次性發送郵件可能不是問題。但當郵件列表增長到幾萬個郵件位址時，無論是使用虛擬主機或自己的服務器，一次性把所有郵件發送完，將對服務器性能產生巨大影響。幾萬封郵件將在待發序列中排隊，很長時間才能發送完畢，極大地降低服務器性能。

所以電子郵件行銷系統應該具備自動分批發送功能，例如每半小時發送 500 個郵件，這樣既能減輕服務器負擔，也能提高送達率。

另外一個好處是，有些郵件服務器，尤其是免費郵件提供商，對於短時間內發送進來的大量來自同一服務器的郵件將自動遮罩。比如如果你的數據庫中有很多是雅虎地址，短時間內雅虎郵件服務器接收到來自你的服務器發往不同雅虎用戶的同一個郵件，將觸發雅虎的遮罩系統。

實際上如果郵件列表非常巨大時，即使分批發送也不是一般服務器所能承受的，需要專用的郵件服務器。

郵件列表數據庫具有高度的目標針對性及忠誠度，這決定了郵件列表是網上最珍貴的無形資產之一。經常有人對網路行銷專家做調查時間，如果除了一樣東西，你將失去所有的網上資源，你想保留的一樣東西是什麼？大部份網路行銷專家都回答希望保留的是郵件列表數據庫。不是搜索引擎排名，不是積累的文章，不是博客帖子，甚至不是域名和品牌，而是郵件列表數據庫。

只有擁有這些忠實讀者的電子郵件位址，網站可以重建，產品可以找新的，只要向郵件列表發送一封郵件，就會有訂單進來，網上生意可以立即重新開始。

在網上最重要的資源就是關係和用戶名單，而建好一個電子雜誌，就是獲得用戶名單的最好方法。

心得欄

第 4 章

電子郵件行銷計劃要點

電子郵件行銷計劃要點：要獲取電子郵件位址；電子郵件設計有創意；通過匯總分析數據有針對性地對待客戶；多管道行銷整合；技術發送、部署及樣式設計；電子郵件的報告與分析；用戶重新啟動。

第一節　要獲取電子郵件位址

作爲電子郵件行銷人員，獲取用戶郵件位址可以說是最簡單的一項任務。然而，確保按照最優方案影響網站各個頁面的訪問流量，從而最大限度地獲取用戶郵件位址，往往是比較困難的。除了通過本公司的網站獲取用戶郵件位址外，您還可以借助其他管道來源，比如租借郵件位址列表。另外，還需要確定郵件位址的來源，是來自網站、電話中心還是其他途徑。

爲了達到這個目的，可以通過在用戶電腦中植入隱藏代碼來自動發送用戶信息。通過統計郵件位址來源，可以衡量不同管道獲取用戶郵件位址的效率。電子郵件位址的品質直接關係到行銷的成敗。雖然租借郵件位址列表相對簡單，但是也許沒有自己培養一個用戶位址列表效果好。這兩種方法各有各的長處。

一、公司網站

網站註冊和郵件地址獲取一定要成爲公司網站的核心部份。許多成功的公司，會將主頁的最核心區域(也就是不需要滾動流覽器，就能看見的最吸引人的網頁部份)，用於顯示獲取電子郵件位址的鏈結。其他公司，在公司網站的每個頁面都添加用於獲取電子郵件的區域。這兩種方法都很成功，您只需要確保郵件位址獲取鏈結在網頁的最上方，或者是在登錄頁面的醒目位置就可以了。

在網站上加入郵件地址獲取功能時,請注意以下幾點。

1. 只索取必要的用戶信息，用來為用戶分類

消費者對於提供過多個人信息十分反感，尤其是對一個剛剛接觸的公司。雖然用戶地址信息能夠幫助多管道行銷零售商尋找那些居住在商店週圍的客戶，但是其他商戶也許永遠不需要這類信息。找出 3～5 個在未來 12 個月內能夠爲客戶分類的信息。一般來說，註冊時收集的信息是電子郵件位址、姓名、地址和性別。我們建議您採用遞進式信息收集方式。在註冊時索取的信息不要多於 5 個，之後您可以通過調查或投票的方式來獲取額外的信息用於對客戶分類。

2. 利用搜索引擎製作動態網頁

當消費者使用搜索引擎查找網站時，很多公司採用動態頁面技術，也就是說，登錄頁面是通過用戶搜索的信息特別設計的。另外，不管是動態頁面還是靜態頁面，一定要確保郵件位址註冊放置在網頁的最顯眼部份。最好的辦法是設計搜索環節，將用戶搜索的信息作爲設計動態登錄頁面和吸引用戶註冊郵件位址的宣傳內容。

例如，在圖 4-1 中，用戶搜索全平彩電，利用這個信息建議用戶註冊新聞簡報類電子郵件，定期向客戶發送關於購買全平電視的實用信息。另外需注意的是，多數網上消費者都會在購買前反覆流覽網頁，很少有人會立即購買。

圖 4-1 利用搜索引擎製作動態網頁

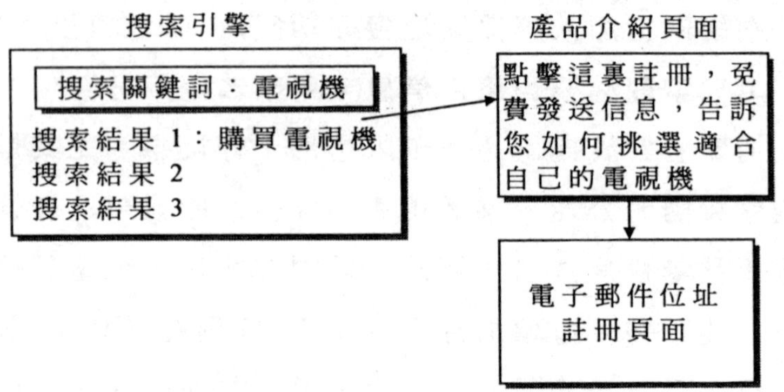

3. 使用標準表單和控制項名稱

在設計電子郵件位址註冊表單時，您需要注意設計佈局應遵從佈局準則，例如 HTML 編寫規範、用標準化名稱命名所有控制項。這樣做的好處是，便於 Internet 流覽器或 Google 工具欄自動組裝頁面，提高訪問者的用戶體驗。

4. 徵求允許

在組合郵件位址註冊和購物站點註冊表單的時候，不要忘記添加一個選擇框，允許用戶選擇是否願意接收新聞週報電子郵件和行銷類郵件。這個選擇框默認狀態應該是未選中的，允許用戶自由選擇是否願意接收這類郵件。

5. 提供許諾

您需要向用戶宣傳訂閱郵件的好處，同時允許用戶選擇公司發送電子郵件的頻率。

6. 提供郵件實例

爲了告訴用戶他們訂閱的郵件到底是什麼樣子，您需要提供一個簡短的新聞簡報郵件的例子。

7. 提供查看用戶協定的鏈結

雖然朱庇特研究公司等多家調查公司的研究報告顯示，消費者十分關心自己的隱私權，但是很少有人真正有時間閱讀用戶協議。因此，提供一個用戶協定的鏈結，可以減少用戶對個人隱私洩露的擔心。例如，說明公司不會將用戶數據洩露給第三方。

8. 建立郵件地址篩選機制，防止惡意郵件地址入侵

一些網站訪問者試圖註冊諸如 abuse@或者 complaint@的郵件位址，這種惡意行爲將導致您的公司被認定爲垃圾郵件傳播者。向您的電子郵件服務提供商詢問他們是否有正規的郵件地址篩選機制，能夠自動拒絕有害的郵件位址，提供網路域級別的郵件列表刪除技術。

例如，將公司的競爭者從用戶郵件位址列表中全部清除。另外，電子郵件服務提供商需要提供防護機制，來剔除所有無線網路電子郵件域名，因爲這是 FFC 法案強制規定的。注意這項規定不適用於消費者將郵件下載到移動終端上，例如 BlackBerry 智慧手機的 AOL 郵箱，法案禁止將郵件發送到無線電子郵件收件箱中。

在某些情況下，公司採取雙向確認的方式（在用戶註冊電子郵件位址後，公司發送確認函給用戶，只有在用戶回覆確認函後，公司才真正錄用該郵件地址）來減少法律糾紛。雙向確認方式不是法律強制規定的方法。雖然採用該方式的公司獲得郵件位址的數量會下降 30%，但是許多電子郵件行銷人員仍然認爲這是值得的。這是因爲該方式能夠提高郵件位址列表的品質，減少郵件發送問題，提高信用服務品質。另外，您還需要培養一個好的郵件發送習慣，例如在測試郵件品質的時候，增加確認信息，以保證用戶確實收到了測試郵件。

二、其他管道

如果您的公司擁有電話中心、商店櫃檯、報刊亭或者其他能夠與用戶交互的線下管道，那麼您一定要利用這些管道獲取用戶的電子郵件位址。下面是如何將電子郵件行銷與這些管道整合的例子。

1. 電話中心

詢問一個電子郵件位址只需 5～10 秒的時間，但是郵件地址的價値卻遠比長時間通話的額外成本高得多。電話中心的工作人員應該接受一些相關訓練，例如詢問電子郵件位址，以及徵求用戶是否同意發送郵件等。大多數電話中心獲取的電子郵件信息不需要立刻自動地匯總到電子郵件行銷軟體和數據庫中，只需簡單地將信息記錄下來，每週一次將信息添加到用戶郵件列表中就可以了。在某些公司的電話中心，會對工作人員進行抽查和評定，以確保他們在每次通話中都試圖獲取電子郵件位址。

2. 面對面詢問客戶電子郵件位址

這可以包含很多方式，例如可以在銷售的時候向客戶詢問，也可以在自助服務亭或者在其他行銷活動中進行。在以上活動中增加電子郵件獲取業務，勢必需要一定的時間成本或者設備成本。通常在銷售時向用戶詢問電子郵件位址，或者向已經註冊郵件地址的用戶確認地址的正確性。這些公司通常對電子郵件位址給予很高的重視，爲提供郵件地址的消費者提供一定的折扣或其他鼓勵方式，而且在大多數情況下，公司利用郵件地址作爲識別用戶的主要標示符號。評估一下成本，同時不要放過所有能夠面對面向用戶徵集郵件位址的機會。

3. 出版物和雜誌的廣告

一個有效的衡量出版物廣告效果的方法，就是將郵件位址註冊頁面與行銷廣告直接掛鉤。化妝品製造商西弗拉公司(Sephora)在主要時尚雜誌上宣傳公司的新聞簡報電子郵件，提供登錄頁面的網址。這個舉措幫助公司調整廣告投入花費，因爲公司可以通過計算該廣告產生的郵件位址註冊數量，直接衡量該廣告的行銷效果。

4. 張貼獲取郵件地址信息的佈告

在任何消費者都可能看到並且允許公司佈置的地方，

都可以張貼這類佈告。例如，美國航空公司在機場的行李存放區張貼佈告，佈告告訴人們將名字和郵件地址通過短信發送給航空公司，就能得到他們至今爲止乘坐飛機飛行的里程數。這是一個很好的例子。

5. 服務類電子郵件信息

公司大多利用電子郵件向消費者提供售前及售後服務。可以利用這類郵件徵集用戶的電子郵件位址。注意，美國法律規定，服務類電子郵件獨立於商業電子郵件。發送行銷類電子郵件必須得到用戶的同意，所以在這類郵件的頁腳處應加入提示，向用戶宣傳行銷類郵件和新聞簡報類郵件。

三、第三方來源

電子郵件位址的來源還有很多，比如共同註冊、郵件附加、租借郵件地址或者是新聞簡報廣告。儘管這些方法都可以有效率地獲得郵件位址，但是 2006 年進行的一項調查顯示，用上述方法獲取的電子郵件位址品質不如從公司站點直接註冊獲得的地址品質。對於從第三方獲取的郵件位址，一定要仔細審核這些位址的獲取方式、從那裏獲取的以及多久前獲取的。

郵件地址的品質十分重要，過多的壞地址和老地址會導致很高的發送失敗率，從而導致您的郵件被特定

Internet 服務提供商攔截。為了提防這種情況，您應該用不同的 IP 位址發送郵件，而且定期將積極回應的郵件位址匯總，利用主 II)位址發送，而將那些沒反應的郵件位址歸納到另外一個列表中去。即使這樣，您還需要持續對這些郵件位址進行監控，瞭解它們的性能和品質。

1. **共同註冊**

所謂共同註冊，是指您的郵件地址註冊放置在其他公司廣告的旁邊，多為在出版商的網站上。

很多出版商網站上都有這種例子。比如在天氣預報網站上，您能夠看到天氣頻道的郵件位址註冊區域，註冊後可獲得訂閱天氣預報電子郵件的服務。您還會看到其他與天氣有關的零售商的廣告，例如料理花園草坪的服務等。如您所見，最好的共同註冊，是尋找那些與公司業務或與您所提供的新聞簡報類電子郵件內容相關的合作夥伴，這樣才能夠保證效率。但是，其成本可能高達每用戶地址 50 美分。考慮到共同註冊得到的郵件位址的性能低於公司自己獲得的位址，這種投資未必是值得的。

2. **彩票活動**

這是共同註冊的一個特例，出版商通過開展彩票活動來吸引用戶註冊郵件地址。雖然用戶喜歡參加這類活動，但是由此獲得的郵件地址品質不如其他獲取方法。對於利用彩票活動徵集用戶郵箱的做法，您應該特別注意，因為大多數用戶只會提供自己的第二郵箱地址。

3.電子郵件附加

電子郵件附加是指向公司數據庫的消費者記錄中添加郵件位址的過程。郵件地址是通過將公司數據庫與第三方數據庫相匹配得到的。第三方數據庫中能夠與公司數據庫吻合的郵件地址數量叫做匹配率，是一項決定該過程成本的重要指數。第三方公司根據被您的公司收編的郵件位址的數量來決定收取的費用。費用可能與合作註冊相同，如果第三方公司的數據庫更新速度很快，這項費用也可能高達每條位址 4 美元。類似合作註冊，電子郵件附加通常也沒有自己公司網站註冊郵件地址的效果好。您需要特別注意第三方公司提供郵件位址的來源，以及郵件地址的新舊程度。對於那些高消費的客戶，或者需要大量郵寄業務的公司(不是電子郵件，而是實際的郵寄，例如公司向消費者郵寄產品)，例如信用卡公司，那麼通過電子郵件附加獲得客戶的額外信息是一種有價值的策略。

4.租借郵件地址

向第三方公司租借電子郵件位址是最常見的組建公司自身郵件位址列表的方式。然而，如果處理不善，公司也容易因爲租借郵件位址而捲入垃圾郵件的麻煩之中。您必須堅持所有租借的電子郵件位址是第三方公司通過正規途徑獲得的，也就是用戶主動註冊郵件地址，或者是更爲穩妥的雙向註冊方式。

您應該確保，租借的用戶已經明確表示同意接收第三方的郵件信息。就像其他的第三方獲取郵件位址方式一樣，您需要審查郵件位址的來源和新舊程度以及發送失敗率。另外，您需要挑選那些符合您需求的用戶郵件位址，比如用戶在地理上靠近公司的銷售點，或者是公司針對的用戶群體。

租借價格需要按照郵件位址的價格來確定。您最好用其他的 IP 地址(給這類租借的用戶郵件地址)發送郵件。在一般情況下，郵件位址供應方會代您發送郵件，這時候您需要調查供應方的資質和能力。一般可以通過一些公共工具來得到這些信息。近幾年，由於大量公司舉報購買的郵件位址存在垃圾郵件的情況，郵件列表租賃業務逐漸衰落了。與您的電子郵件服務提供商協商是否需要利用租借郵件列表的方式，來增加公司的用戶郵件位址數量，同時決定合適的郵件位址租借商。

5. 利用新聞簡報廣告獲取電子郵件位址

在新聞簡報類電子郵件上做廣告，從而獲取電子郵件位址，這是目前最流行的郵件位址獲取策略。未來 5 年內，預期全美利用新聞簡報廣告獲取電子郵件位址的費用，將會達到 6 億美元。新聞簡報類電子郵件中的廣告數量依照其發行量的大小，以及面向的市場不同而變化。一般來說，廣告費用以實際表現爲基準，可以按照點擊量、打開量、註冊量、發送數量來確定合約額。關於定價問題，以用戶註冊數量作爲基準，一般來說最爲準確。新聞簡報類電子郵件上的廣告需要有吸引力，同時信息應當明確，還要有一定的神秘性，以吸引客戶點擊廣告鏈結。同時，廣告鏈結的登錄頁面應該重點突出電子郵件位址註冊。

四、歡迎信戰略

獲取郵件的關鍵在於，一旦用戶註冊了自己的郵件地址，您就馬上向用戶發送一封歡迎信。

對於新用戶和老用戶，一定要區別對待。行銷人員容易出現的錯誤，就是立刻將新用戶當做老用戶，每週發送常規的電子郵件。正確的做法是，起初，向新用戶發送特別製作的 5 封歡迎信，每週發送 1 封，以便新用戶融入環境。這一般被稱作新用戶歡迎信戰略。

1. 第一封歡迎信

在用戶註冊郵件地址後，馬上發送該歡迎信。這封信有兩個目的，其一是向用戶確認，其二是歡迎用戶加入電子郵件行銷計劃。歡迎信還需要包括以下要素。

(1)建議用戶將本公司添加到通信錄中

爲了更好地保護網路用戶，許多 Internet 服務提供商和電子郵件用戶端軟體，例如微軟公司的 Outlook，其默認設置是將電子郵件中的圖片遮罩掉。那麼如果圖片缺失，就會影響電子郵件的行銷效果，降低郵件的打開率。圖片的傳遞問題以及錯誤的標籤信息會嚴重干擾電子郵件行銷人員的工作。為了減少圖片缺失問題，請要求用戶將公司郵件地址添加到自己的通信錄中。這條要求應該出現在每一封郵件中。同時在歡迎信中，您需要利用各種創意性的方法讓用戶重視這個提示。另外為了更好地貫徹這個戰略，公司不要在行銷計劃執行期間更改自己的郵件地址，這樣就避免了用戶再次更改通信錄中的公司聯繫方式。

⑵增加在 Internet 流覽器中查看電子郵件的功能

另外一個解決圖片顯示問題的方法是在電子郵件頂端提供鏈結，當用戶點擊鏈結後，就能自動鏈結到公司網站上的電子郵件中，能夠在 Internet 流覽器中查看電子郵件，從而能夠正常顯示圖片信息。電子郵件服務提供商應該默認提供此項服務，通常這是在部署郵件之前的一個鏈結。就像要求添加公司到通信錄的提示一樣，這個功能應該在所有郵件中體現，在歡迎信中重點介紹。

⑶設置發送郵件的頻率

就像註冊郵件位址的頁面一樣，在歡迎信中同樣也要提示用戶，設置公司發送給用戶郵件的頻率。

2. 第二封歡迎信

這封歡迎信，應該與第一封歡迎信的內容有所不同。

它應該向用戶宣傳，將這封郵件轉發給親朋好友，以擴大公司用戶群體。一些行銷人員在第二封歡迎信中嘗試加入獎勵因素，如果用戶將郵件轉發給其他人，則提供折扣。對於轉發郵件的客戶企業，在第二封歡迎信中，企業對企業的行銷人員可以提供下載企業白皮書的鏈結，或者提供客戶經理人的更多相關信息。這樣，轉發郵件的企業客戶相對於未轉發郵件的企業客戶來說，在未來的合作中優勢更大。

3. 第三封歡迎信

這時候，您需要讓新用戶真正融入到大環境中，適應今後每週發送的行銷類郵件信息。在這封郵件中，您需要提供用戶回饋的功能。就像之前在註冊郵件位址信息中提到的，這封歡迎信進一步收集客戶的額外信息，比如地理分佈以及其他能夠對用戶分類的寶貴信息。通過加入投票答題，或者加入用戶喜好設置中心的鏈結，可以輕易收集用戶信息。

如您所見，在收集用戶郵件位址的時候，需要注意諸多因素，加入許多功能。這一環節的成敗直接關係到今後的電子郵件行銷計劃。

心得欄 --

第二節　電子郵件設計有創意

需要注意顏色的運用、圖片的設計、HTML 代碼的編寫，致力於融入更多的創意性因素，讓郵件信息能夠脫穎而出，增強品牌效應。爲了達到這些目標，首先要對主題欄和發件人欄進行設計。

一、發件人欄

讓發件人位址看起來比較友善，是需要考慮的問題。不要讓您的寄信地址複雜，這樣只會讓用戶頭疼。寄信位址最好利用品牌的名字命名，如果是企業對企業的銷售，可以用客戶經理人的名字命名，這樣客戶感覺是與客戶經理聯繫，而不是公司。一旦確定了寄信地址，以後就不要更改了。

二、主題欄

由於大多數圖片會被用戶端攔截，用戶主要是通過主題欄瞭解郵件的大體內容的，因此需要將整個郵件內容進行概括，作爲主題欄內容。在主題欄中，您需要告訴用戶郵件的內容，而不是去推銷郵件的內容。下面是主題欄中需要注意的要點。

1. 必須做到的幾點

⑴字數限制。主題欄盡可能簡潔，不能超過 50 個字符(25 個漢字)。

⑵測試。利用 A/B 方案分別測試法測試不同主題欄的效果。例如，零售商經常會做以下測試：向一半客戶發送的郵件中，主題欄包含「免費送貨」的字樣；向另一半客戶發送主題欄包含「打 9 折」的字樣，然後觀察那種方法更有效。測試是十分重要的，但是需要注意的是，不要發送太多老套的測試信息，同時要注意「免費」這個關鍵字會提高垃圾郵件判定指數，並經常被服務器攔截。

⑶添加個人信息。雖然在主題欄加入用戶的名字能夠稍微改善行銷效果，但是這個效果會隨著時間的增長而消失。一些多管道企業，比如零售商，有時採取主題欄添加地點的方法，比如「巴尼店開展 1 日促銷」。

⑷加入緊急性詞語。航空公司只要使用以下主題欄，就一定能獲得很高的關注，例如「安全警報」或者「特殊天氣情況」等。

⑸事務性主題。「確認訂購信息」和「5 月份的合約已經生效」這種事務性主題信息擁有較高的點擊率和打開率。

⑹讓用戶感覺自己很特殊。「第一個查看秋季時裝款式」等主題能夠讓用戶感到自己很特別，是公司的特殊用

戶，從而吸引用戶打開郵件。

(7)增強關注。在主題欄中加入公司的商標名稱，比如「(公司名稱)4月新聞」。

(8)誠實。信息要真實可信，簡明扼要。換位思考用戶期待什麼樣的信息，同時誠實地遵循用戶設定的郵件發送頻率。

(9)合理利用節日促銷。這裏要提醒的是，如果您的客戶大多是男性，而今天又不是情人節、母親節或其他法定假期，那麼客戶不會對您所謂的節日或慶典感興趣的。

2. 不要做的事情

(1)不要使用任何大寫字母。避免主題欄出現大寫字母。

(2)不要使用符號。避免使用感嘆號和其他符號來過分強調主題內容。通常這類符號會被當成垃圾郵件，被用戶端自動扔到垃圾箱中。

(3)防止重覆。不要在連續幾封郵件中使用相同主題，應該不斷更換它，這樣才能發揮作用。您需要不斷試驗新的變化。

(4)不要誤導讀者。永遠不要在主題欄誤導讀者或產生歧義，例如：主題欄寫著「您訂單的具體內容」，然而郵件內容卻是行銷信息。這種郵件只會欺騙用戶並且違反法律。

三、垃圾郵件過濾

在 21 世紀的最初幾年中，垃圾郵件也就是欺詐性商業郵件達到了它的頂峰。爲了對抗垃圾郵件，Internet 服務提供商開始利用垃圾郵件殺手之類的軟體對郵件內容進行評分，尋找其中符合垃圾郵件特點的關鍵詞。這些關鍵詞包括「免費」、「%」、「！」、「贏家」等一系列辭彙和符號。如果軟體檢測到郵件中包含過多的這類敏感辭彙，Internet 服務提供商將視其爲垃圾郵件，並將其截獲，或者扔到垃圾箱中。許多電子郵件服務提供商提供類似的工具檢測郵件信息中的敏感辭彙數量。還有一些公司提供功能更爲強大的工具，利用其他的方法評定郵件內容，審核郵件的相關鏈結。這些工具同時能夠告訴您，有多少郵件成功發送到用戶第一收信箱中。然而，基於郵件內容的垃圾郵件評定工具，不再是 Internet 服務提供商的重點垃圾過濾方式，因爲大多數的垃圾郵件發送者已經更爲成熟了。

合法的行銷人員需要採用很多策略，以保證行銷郵件能夠順利發送到用戶手中，因爲 Internet 服務提供商採用越來越多的安全措施，而垃圾郵件發送者也越來越聰明。例如，爲了躲避內容審查，垃圾郵件發送者利用 HTML 表格承載敏感辭彙。比如「免費」這辭彙，在表格的第一格寫「免」，第二格寫「費」，從而將辭彙分解躲避基於郵件內容的垃圾郵件審查機制。爲了與之對抗，Internet 服務提供商默認遮罩掉圖片，然而這項措施對電子郵件行銷產生很大衝擊，因爲畢竟用戶喜歡看漂亮的圖片。

爲避免被判定爲垃圾郵件，需要與電子郵件服務提供商或其他之前提到過的技術服務提供商保持定期的協商。因爲這個問題的相關技術一直在變化，隨著市場的成熟勢必花樣翻新。下面可以探討關於正文的創意性包裝問題了。

四、電子郵件範本的寬度

雖然用戶的顯示器解析度大多是 1024 象素×768 象素，但很多郵件在用戶流覽器中不能佔用一個螢幕。這是由於雅虎流覽器和 Outlook 等郵件用戶端在顯示電子郵件的時候，垂直廣告將會顯示到收件箱的下方造成的。設計電子郵件範本的第一個要素，就是範本的寬度和長度。下面是您設計模版時需要考慮的。

新版本的雅虎郵件用戶端，垂直廣告欄將從電子郵件左邊的 601 個象素開始，也就意味著用戶必須滾動螢幕才能看到郵件的右半部份。所以，如果您的郵件寬度大於 600 象素，用戶需要額外的步驟才能夠閱讀郵件。

那麼，600 象素寬度是否就是最佳方案？如果您的用戶大多使用雅虎郵箱，那麼也許應該使用 600 象素寬度。大多數用戶使用以下這些域名：AOL.com、Yahoo.com、

MSN.com、Hotmail.com 和 Gmail.com，這些域名的郵箱寬度都不一樣。一種解決方式就是將用戶按照郵箱域名的不同分爲若干類，對應每種郵箱設計一種範本。然而我們並不推薦使用這種方法，因爲不能保證用戶肯定使用這些網上郵箱查看郵件。所有這些郵箱都允許用戶利用其他郵件閱讀器查看，比如 Outlook 或者 Thunderbird。同時，也允許用戶用智慧手機或者掌上電腦查看，比如 Treo 和 BlackBerry。

決定郵件範本寬度的最好方法是進行用戶測試。建議將您的用戶分爲多個組進行測試。比如，設計寬度爲 600 象素、650 象素、700 象素的幾種郵件，分別發給 3 組用戶，之後交換各組接收到的郵件，使得每組用戶都收到過所有尺寸的郵件。最後匯總結果，同時按照用戶的域名進行分類，並計算結果。雅虎郵箱用戶由於廣告顯示不正常帶來的損失，也許能夠通過其他郵箱用戶的滿意反應來彌補。如果雅虎用戶的行銷損失很多，其他郵箱的用戶滿意度也很好，那麼也許值得採用兩種不同的設計方式針對雅虎和其他郵箱用戶。利用測試的結果決定郵件範本寬度。

五、郵件範本的長度

關於郵件範本的長度，簡短是最基本的要求。最好將內容壓縮在一頁中，至多兩頁。利用超連結將細節和贅餘信息隱藏，利用鏈結將用戶導航到公司網站上，以收集更多的信息。電子郵件只是一個契機，喚起用戶查詢信息或者購買的慾望。您可以將電子郵件想像成報紙的首頁，主要用來顯示頭條新聞。確保最重要的信息簡單明瞭，並且位於郵件的最上方，而且需要將精力放在創意設計上。

六、郵件創意設計需要注意的要點

由於目前的收件箱大多遮罩圖片信息，您應該注意以下細節：

多部份多用途網際郵件擴充協議爲您的郵件準備了兩個版本：一個純文本信息，一個 HTML 標記庫。這裏假設用戶的電子郵件終端能夠選擇那種版本被傳遞給用戶並正常顯示，因爲它已經爲客戶終端設計好格式了。目前，越來越多的用戶利用掌上設備連接第一收件箱，利用這種技術可以很好地適應目前這種接收環境。雖然多部份多用途網際郵件擴充協議可能看起來在技術上難於實現，但是實際上，大多數電子郵件服務提供商和電子郵件市場行銷工具都提供這個功能。只要您創建一個純文本信息和一個 HTML 信息，將它們輸入給服務商或者相關軟體，就能夠自動得到最終的多部份信息。大多數情況下採用雙部份信息就可以了，但是利用多部份信息能夠提供更好的性能。

應當確保所有的圖片都擁有一個 Alt 標籤。當用戶滑鼠停留在圖片上時，這個標籤應該能夠解釋圖片的內容。另外，避免將關鍵內容用圖片表示，例如聯邦法案規定的內容。

在之前的歡迎信行銷戰略中曾提到過，應當利用創意性的郵件內容提醒用戶將公司添加到通信錄中，同時提供超連結，使得用戶能夠在網路流覽器中查看郵件。

心得欄

第三節　匯總分析數據工作

通過匯總分析數據將客戶分成不同的組，並有針對性地對待客戶，這是電子郵件行銷的成功秘訣。您要確保用戶數據是從公司的方面持續性地獲取的，以保證數據具有普適性，不會有失偏頗。

1.不要用電子郵件位址作為識別用戶的標示符

利用電子郵件以外的信息作爲區分用戶的標示符。例如，當您總結線下用戶數據、檢驗用戶位址正確性以及擴張服務的時候，您需要一個標示符來與其他沒有電子郵件位址的數據庫記錄進行匹配，以獲得額外用戶信息。

通過公司內部多個數據庫的連鎖匹配，發現一些用戶實際上是一家人。由於大多數用戶擁有兩個以上的郵箱，這項工作變得越來越重要。

2.從不同的數據來源獲取等量的信息

應該獲取恒定的數據量和數據種類，以確保根據這些數據進行的用戶分類工作不會有失偏頗。

3.獲悉用戶使用的語言和位置

隨著經濟全球化，用戶可能來自世界各地。利用電子郵件的域名判斷用戶的所在國家，或者通過詢問用戶喜好的語言來獲取這個信息，這樣便於發送本土化的郵件信息以及選擇郵件的語言種類。

4.盡可能收集用戶的行為數據，為用戶分類

用戶在電子郵件上的點擊行爲十分重要，能夠作爲劃分用戶的依據。通過大量記錄用戶點擊郵件上的鏈結行爲，您可以觀察到，一些用戶頻繁點擊鏈結，一些則很少點擊。這樣就可以根據參與程度的不同來區分用戶，進而用不同的方法對待不同的用戶。對那些不熱心的用戶發送專門設計的郵件以喚起他們的注意力。通常使用投票、競賽或者打折信息來吸引他們。雖然競賽和抽獎這類方法並非很好，但是對於休眠用戶來說，這些方法能夠有效地喚起他們的行動。您需要小心地進行測試，看看什麼樣的競賽方式能夠吸引休眠用戶。

電子郵件服務提供商應該擁有一個標準的數據映射結構以及最好的應用經驗，以保證收集的用戶數據能夠正確地存放。但是您還是需要向服務提供商確認相關技術，以便能夠執行用戶分組策略，因爲採用用戶分組策略的行銷效果實在很好。

第四節　多管道行銷整合

有許多方法和策略來獲取客戶的電子郵件位址並驗證其是否正確可用。然而，在獲取郵件地址後，仍然有許多後續步驟，能夠極大地提高客戶的積極性。Internet 對用戶的影響很大，大多數客戶利用 Internet 信息決定自己的消費。

尼爾公司(Nine West)的電子郵件行銷目標，是驅使客戶去專賣店購物。尼爾公司發現，相對於鼓勵客戶去網上消費，客戶在網下商店的消費額更高。因此，公司在電子郵件行銷中，提供只能在網下商店使用的優惠卷，鼓勵客戶去商店消費。與此類似，博得公司利用相同的策略，在商店提供較高折扣，以鼓勵消費者去商店消費。

在利用數據庫進行多管道行銷整合以獲取額外的客戶線下信息的時候，需要一個識別客戶的唯一標示符。不要用電子郵件位址作爲這個標示符，因爲這樣就不能與其他網下行銷數據庫匹配了。一個用於識別客戶的信息，就是客戶的地理信息。如果您的產品只針對特定地區的消費者時，地理信息尤爲重要。

例如，一個多管道行銷零售商出售草坪護理產品和割草機，但是該公司的一個客戶竟然生活在曼哈頓，這顯然是在浪費行銷預算，同時也顯示了零售商對於爲客戶分類的重要性。（曼哈頓地價昂貴，基本不會有私人草坪，沒有必要向曼哈頓人推銷草坪護理產品）

多管道行銷數據的整合，依賴於市場行銷工具的正確使用。爲了更好地將網上和網下行銷數據合併在一起，您需要注意以下事宜：您需要一個行銷平臺，自動存儲用戶數據，以備之後的分析；您要將公司從不同管道獲得的行銷數據共同使用，而不是分開使用；同時，公司需要擁有能夠自動處理數據的軟體來提高數據處理效率，還需要僱用擁有工作經驗的專業人員。

在實施多管道行銷戰略的時候，需要考慮以下因素。

1. 處理速度

您需要間隔多久進行一次網上和網下客戶數據的匯總。大多數行銷人員每天匯總一次，而一些優秀的企業具備接近即時處理的能力。走進您的競爭對手的商店，看看他們在客戶進行購買的時候如何收集數據，同時數據的處理速度有多快。當你在收銀台註冊會員服務幾分鐘後，一封歡迎信就立刻發送過來，這時候你甚至還沒有走到商店門口。

2. 收集那些信息

和註冊郵件位址時的原則一樣，不需要收集目前還不需要的信息，只收集目前需要的信息。

3. 打破公司內部壁壘

很多時候，電子郵件行銷會由於公司部門之間的利益爭鬥而擱淺。說服您的同事，讓他們理解電子郵件行銷對他們的好處。調查和測試，是電子郵件行銷的強項。在大多數情況下，電子郵件行銷能夠比普通的網下行銷更快地得到可靠的調查分析結果。

第五節　技術發送、部署及樣式設計

一般來說，需要 3 個月的評估期。對於許多公司，甚至可能需要 6 個月時間才能保證所有的技術解決方案都能滿足公司的需要。

1. 使用者權限

您應當決定有多少人使用這些設備以及關鍵用戶數據能夠被那些人流覽。比如，您希望您的重要團隊中一部份工作人員只能做分析和報表工作，而其他員工可以完全使用設備。這樣做的好處，是分配不同的員工不同的權限，避免數據設備出現信息安全問題。

2. 數據整合

如果您是一個企業對企業行銷人員，您可能使用客戶關係管理工具，例如 Salesforce.com 軟體或 Microsoft Dynamics CRM 工具。您可能希望將網站上的用戶數據輸入到這些行銷分析工具中去，或者導出數據來更改用戶分組框架。數據整合是一個關鍵的部署技術，很多行銷人員往往忽視了它的重要性。您應當調查電子郵件服務提供商在數據整合部署方面的背景。

3. 數據存儲

儘管所有的電子郵件服務提供商都提供數據存儲和市場分析的功能，但是其中許多供應商只能提供定期刷新數據和定期分析的能力。應當確保您的數據隨時可用，並且分析報告的更新時間應當符合公司的需求。

4. 退信處理

不是所有的郵件都能被發送。出現退信，有可能是由於用戶的收件箱滿了，也可能是由於郵件位址不再有效。您需要在服務提供商的指導下，決定多少次發送失敗後，系統自動判定郵件位址是否錯誤。對於企業對消費者和企業對企業這兩種銷售對象，失敗處理的需求程度是不同的。同時，您的用戶位址的域名以及發送郵件的頻率也會影響發送失敗的處理需求。

第六節　電子郵件的報告與分析

報告與分析是電子郵件行銷的重點，通過有效的分析，能夠暴露行銷計劃的漏洞，總結計劃的優點，讓行銷流程成爲可能。

報告分析的過程通常過於複雜，這是由於無法有效地與其他部門的分析系統相互進行數據溝通造成的，這也是爲什麼需要設計多管道行銷策略以及必須進行數據整合的重要原因。

早在審核電子郵件服務提供商的階段，您就知道不僅應當調查服務提供商的分析能力和所使用的工具，而且您還需要調查它使用何種分析標準。這是因爲不同的服務提供商似乎都有不同的分析衡量標準，比如依照郵件打開率、點擊率等等。由於不同的服務提供商採用不同的標準，這使得您很難參照一個統一的行業標準。因此在統一的行業標準出臺之前，您最好堅持公司曾用過並且奏效的數據分析標準，而不要去理會其他因素。無論如何，理解電子郵件服務提供商如何進行數據分析和總結報告至關重要，同時您還需要知道這些結論是如何得出來的。

除了分析標準，在數據分析時，您還需要考慮以下因素。

1. 確保能夠進行數據挖掘

大多數電子郵件行銷軟體只提供簡單的報告。報告僅僅反映表面情況，比如點擊、發送、銷售額等等。只有很少的軟體具備真正的分析能力，也就是通過數據挖掘，找出數據背後的潛在規律、發現不同類別客戶的消費規律，而更少的軟體，不但能通過消費者的通常行爲（諸如點擊、消費等）進行分析，而且能夠通過其他潛在行爲進行分析。這一點十分重要。因爲時間長了，很多消費者對於公司的興趣將會降低，點擊等行爲將會下降，這時候，如果分析軟體能夠通過潛在行爲識別消費者的動機，就能有效地喚起參與度低的消費者的購物慾望。

2. 找到關鍵業績指標（KPI）

您需要找出能夠反映以下關鍵業績指標：郵件指標、參與度指標及郵件地址指標。

⑴郵件指標指的是關於郵件的性能指標，包括以下方面：

①打開率的總計（郵件打開次數的總和）；

②點擊率的總計；

③每個用戶產生的收益；

④平均訂單金額；

⑤購買率；

⑥每封郵件的邊際利潤。

⑵參與度指標指的是關於用戶的詳細數據，包含以下

內容：

①唯一打開率(從用戶方面來看的打開率)；

②唯一點擊率；

③唯一消費率；

④註銷率；

⑤轉發率。

(3)郵件位址指標包含以下方面：

①註冊率；

②老化郵件地址的價值；

③位址老化速率；

④舉報率；

⑤郵件發送率；

⑥發送失敗率；

⑦未知用戶率。

結合這些指標，可以形成一個宏觀的關鍵業績指標，它能夠很好地反映行銷計劃目前的情況和未來的走勢。關鍵業績指標就是由以上提及的規則綜合計算出來的。

3.使用網路域級別報告

這個報告至關重要，因爲它能夠反映出不同網路域的發送情況，識別具體是那個網路服務提供商(ISP)或者網路域出現了問題。例如，如果您發現郵件打開率出現極大的下降，那麼很可能是因爲某一部份用戶無法收到郵件。通過這個報告，您可以發現具體是那個網路的用戶無法收到郵件，從而可以具體聯繫相關網路域的 Internet 服務提供商，解決發送問題。這個報告應該至少聚焦 20 個網路域，即時回報網路域的通勤問題。

心得欄

第七節　用戶重新激活

有一部份郵件位址隨著時間的推移將會不再有效。在用戶重激活環節中，您需要注意以下幾點。

1. 發送能力

目前大多數 Internet 服務提供商利用休眠用戶作爲誘餌，引誘垃圾郵件上鉤。如果行銷人員對這些郵件位址發送足夠多的郵件，這些郵件就會被認定爲垃圾郵件。發送的郵件是否健康，常常制約了行銷人員。

2. 商業目的

即使存在上述發送能力問題，許多出版商依然不喜歡刪除自己的客戶，因爲這將減少每千郵件成本(CPM)，使收入降低。那些基於用戶數量定業績的出版商必須改變作法，應當著眼於以品質爲基礎的業績評定模型。

3. 電子郵件位址價值

在使用網下郵寄以及電話中心聯繫這種高成本的重激活策略之前，您應當認真計算每個電子郵件用戶的價值，以確定是否值得這樣做。一旦用戶位址的價值估計出來，就可以考慮新位址公司(FreshAddress)和路徑回歸公司(Return Path)提供的電子郵件改變位址服務。

行銷人員經常會犯這個錯誤，也就是不刪除無效位址，或者不採取任何重激活方案，單純地不斷向列表中所有用戶發送郵件。由於每個位址的獲取都需要成本，因此您必須採用重激活策略。這至少可以保證能夠重新激活用戶，如果效果顯著，還可能使得列表繼續增長。在重新激活休眠用戶時，應注意以下事宜。

⑴監控用戶的行爲。關注用戶的個體點擊率，得知郵件地址列表是否老化。

⑵針對休眠用戶的激勵。利用折扣、調查、抽獎等行爲，來喚醒休眠用戶。

⑶利用其他管道。就像之前分析的那樣，電話中心、郵寄和面對面的聯繫，能夠有效地喚醒休眠用戶。許多零售商通過郵寄信件和明信片來要求用戶重新確認自己的電子郵件位址。

⑷清理地址。雖然這似乎看起來沒有必要，但是考慮到對大量失效用戶發送郵件是一種浪費，您需要定時清理郵件位址列表。一旦重激活策略無效，用戶在長達 12 個月內無意圖與公司聯繫，您就應該把這些地址去除了。

第 5 章

確保電子郵件行銷計劃邁向成功

在關鍵時刻，您需要學習電子郵件行銷中的執行能力和技巧，學習如何持續優化行銷流程，分析行銷成果，提高公司的聲譽。

第一節　啟動第一個行銷計劃

報告和衡量，是第一週工作的核心重點。這一週的工作重點，在於通過數據分析行銷計劃的各種表現，比如郵件發送情況，識別那個用戶比較積極、是重點盈利的對象。行銷人員需要借助這些尺度來衡量行銷中的正面結果，而不必深入分析爲什麼某些用戶表現不佳。第二個月的主要工作應該集中在監控行銷數據上，並且積極反映監控結果。

1.計劃啓動後需要做什麼。

2.閱讀報告。

3.管理用戶的回饋。

4.分析用戶回饋信息，預測未來行銷走勢。

5.維護數據庫，提高網路聲譽。

一、計劃啟動後需要做什麼

祝賀您，您已經開始啓動第一個電子郵件行銷計劃。很多研究都得出共同結論：郵件發送後的 48 個小時內，可產生 80%的行銷效果。已經預期用戶將產生較大反響，所以您需要在計劃啓動後立刻執行所有重要的工作。

您需要立刻執行兩項工作。第一項工作是監控測試用戶的反應，也就是用戶地址列表中的一部份郵件地址，其實就是公司測試者的郵箱地址，來檢測郵件行銷的情況。用於測試用戶的郵件地址，應該包括以下類型。

⑴您自己的電子郵件位址。這樣保證您能夠即時地收到一份郵件的拷貝。

⑵參與電子郵件行銷的公司工作人員。保證所有工作人員收到一份郵件的拷貝。

⑶客戶服務管理部。電話中心和客服中心的同事需要收到所有電子郵件行銷計劃發送郵件的副本，以便回答客戶的各種問題。

⑷商店的經理和重要員工。應當同時在公司內部進行發送，發送給直接經營產品的人員，比如商店經理，他們需要保留一份郵件。

⑸在各大網站上設置測試用戶地址。在諸如雅虎、AOL、Gmail、Hotmail 和 AIM 等各大網站上註冊郵箱賬戶，並將這些郵箱加入到用戶郵件位址列表中。這樣可以快速地確認郵件是否能夠抵達這些主流網站的郵箱用戶手中。

⑹郵件發送服務提供商的測試用戶列表。您需要與路徑回歸公司、中樞精准公司、哈比公司或者林瑞思公司等電子郵件發送服務提供商合作。他們能夠對上百個網路域名的郵件發送測試服務，報告郵件發送的問題和情況，諸如是否被攔截、是否丟失等等。

第二項工作，是通過應用情況報告觀察計劃的最初成果。報告提供了郵件的發送情況和用戶的點擊和打開情況。

另外，您需要和電子郵件服務提供商聯繫，商討如何處理發送失敗的郵件信息。發送失敗主要有兩種可能，即硬失敗和軟失敗。硬失敗是指用戶的郵箱並不存在，或者出現了拼寫錯誤，這種發送失敗一般只佔發送失敗總數的10%以下。另一種發送錯誤是軟失敗，就是說郵件是因爲以下原因無法到達用戶收件箱。包括：收件箱滿了、公司和Internet 服務提供商的路由連接出現了問題等。電子郵件服務提供商能夠向您提供發送失敗的細節，並且告訴您如何應對這種軟失敗，以及以什麼頻率重新發送郵件。例如，一個軟失敗，也許需要每天重發 5 遍，直到發送成功，或者確認是硬失敗。一般來說，這些軟發送失敗的用戶地址，不會從公司註冊用戶列表中刪除，除非同一封郵件，連續 5 次以上出現軟失敗。您需要瞭解，公司僱用的電子郵件服務提供商，如何對待這些發送失敗的郵件；同時還需要瞭解，他如何將發送失敗的郵件，計算在郵件發送成功率中。電子郵件體驗委員會建議，郵件成功發送率的計算，應該考慮到硬發送失敗帶來的影響，這樣數據才有代表性。

二、閱讀報告

您的郵件行銷計劃很快就能反映出結果。一般來說在行銷郵件發送後的 24～48 小時後，行銷結果就會浮出水面。下面是衡量郵件行銷效果的重要指標。

1. 域名發送報告

這個報告反映了用戶郵箱的前幾位域名的發送情況。通過該報告，能夠立刻看出那個 Internet 服務提供商旗下的用戶，行銷效果出現了大幅下落；或者對於那個 Internet 服務提供商，您的網路聲譽並不理想。如果您發現，某一 Internet 服務提供商旗下的用戶，郵件發送率低於歷史平均值，那麼就意味著，這個 Internet 服務提供商出現了發送問題。域名發送報告能夠進一步證實這個猜想，或者說明郵件發送率和打開率的低下是其他原因導致的，比如主題內容不當、郵件針對的人群選擇不當，或者是發送的頻率過高致使用戶產生了反感等等。

2. 打開率

這是指多少用戶打開了公司發送的行銷郵件，通常用佔到郵件發送總量的百分比率來表示。打開率是判斷電子郵件行銷成功與否的一個重要標準，但是這種標準有自身的局限。例如，注意「閱讀(read)」列，其實應該叫做「打開」更合適，因爲用戶打開郵件，並不意味著就會認真閱讀郵件內容。也許郵件僅僅是被用戶預覽過，因爲諸如 Outlook 等郵件用戶端提供預覽郵件的功能。

另外一個問題是所示的郵件打開率，是指佔所有發送郵件總和的百分比，而不是實際被發送的郵件數量，這是錯誤的計算方法。而且，郵件的打開率測量是通過在郵件中放置 1 個象素大小的 GIF 圖片進行的，這就意味著如果用戶端攔截圖像，那麼這個圖片也會被攔截。而且，由於打開率依賴於圖片，那麼對於純文本郵件來說，打開率就不能準確地反映郵件被打開的數量。

郵件打開率能夠直接反映潛在的發送問題。您需要想清楚，報告中的打開率，是總和打開率，還是唯一打開率。唯一打開率對於行銷人員更爲重要，因爲它指的是有多少用戶打開了郵件，不計算用戶的重覆點擊行爲；相反的，總和打開率，也就是用戶打開郵件次數的總和，可能會被用戶的預覽行爲或者多次打開郵件的行爲所干擾。因爲打開率不可能計算到那些純文本郵件，一些電子郵件服務提供商就在這些純文本郵件中，添加了一個鏈結。如果用戶單擊了鏈結，就會自動通知公司他已經查看了郵件。因此，您需要詢問電子郵件服務提供商使用何種打開率標準。

3. 反覆打開率

這指的是某個用戶在幾天中反覆打開郵件查看的次數。這個指標對於廣告郵件來說很重要，因爲對於那些反覆打開郵件的用戶，向他們發送更多廣告會增加行銷效果。平均來說，一封郵件一般會被用戶打開 1.5～2 次。行銷人員需要將行銷率報告和這個指標對照分析，而不應該只關注用戶的鏈結點擊行爲。

4. 郵件打開的總次數

這個電子郵件服務提供商提供的指標十分關鍵。它能告訴您消費者平均打開郵件的次數。但是許多情況干擾著這個參數，比如用戶的預覽行爲，而且這個指標很難作爲用戶分組的依據。另外，由於該指標基於打開率指標而制定，所有受制於打開率的局限性。

5. 點擊數總和

這個指標說明用戶點擊了多少次郵件上的鏈結，訪問公司網站。這是一個直接影響銷售率的指標，這個指標能夠納入到總體業績指標中去。

6. 唯一點擊率

指的是點擊鏈結的用戶絕對數量，不包含重覆的點擊。例如，如果郵件中有兩個鏈結，用戶點擊第 1 個鏈結 1 次，第 2 個鏈結 3 次，那麼唯一點擊率是 2 次。

7. 點擊率按鏈結網址分類

這項數據能夠很準確地告訴您，郵件中的那一個鏈結網址被用戶點擊以及被點擊的次數。這項數據能夠告訴您用戶喜歡什麼內容，是喜歡研究性文章、特殊優惠，還是行銷信息？

8. 郵件轉化率

這項數據說明有多少用戶最終完成了網上購物的整個過程，或者登錄了某個註冊頁面，只要你決定對這個頁面進行標記以衡量任務完成情況。這就要使用網路信標(Web Beacon)，一般來說通常是使用 cookie 技術。幾乎所有的電子郵件服務提供商都擁有追蹤用戶登錄網頁的能力。

9.註銷率

指註銷用戶佔總體用戶的比例，一般都低於 0.5%。

10.舉報率

這是指註冊用戶投訴公司發送的郵件是垃圾郵件佔總郵件的比率。最近，電子郵件服務提供商在報告中加入這項數據，這是一項您需要認真關注的數據。每封郵件的收益這項指標可以有許多匯總的計算方式，包括郵件帶來的收益總和的計算以及涉及訂單金額的大小。該數據是另外一個能夠打動老闆，說明電子郵件行銷重要性的數據。

這些指標能夠用來進行用戶分組，從而對不同的組實行不同的策略。比如，將用戶按照點擊了的或沒有點擊的，以及購買或沒有購買的分成不同的組。另外，通過公司網站的訪問者流量，能夠進一步提供大量用戶分組的信息。

三、管理用戶的回饋

發送出的郵件將會產生大量的用戶回饋，一些回饋能夠被快速地分類和刪除，而其他的回饋信息則需要更多地關注並爲此進行更多的工作。例如，一些用戶可能不喜歡利用郵件中的註銷鏈結進行註銷，而採取其他途徑提交註銷申請。對於這些用戶應該終止發送行銷郵件，並且發送確認函，再次確認用戶的註銷意願。另外一種需要關注的用戶回饋，就是通過客戶服務部和銷售部遞交的用戶回饋。這其中大多是對於產品和服務的提問，也可能是諮詢之前的訂購行為。

您需要監控這些用戶回饋的信息，快速解決用戶回饋的問題至關重要。大多數的消費者期望能在一個工作日之後得到回覆。所以當星期一發送郵件後，應該不晚於星期三處理所有的用戶回饋信息。

利用客戶服務部回饋的用戶數據進行用戶分組。如果用戶提出的請求是與服務相關的，那麼不管是通過公司網站發送的用戶回饋，還是通過郵件遞交的，這個數據都說明用戶對公司不滿意。另外，對於極度不滿的用戶，公司可以通過優惠政策來重新贏得用戶的青睞。

為保證位址監控能夠即時更新，您需要使用唯一的用戶答覆位址，這樣用戶能較容易地識別出公司回覆的信息。

四、分析用戶回饋信息，預測未來行銷走勢

行銷領域有句經典的格言：「計劃您的執行，執行您的計劃。」

我們從中看到，對每一封郵件都應當堅持這樣的理念：不要對行銷結果沾沾自喜，應該精益求精，改進行銷結果中的每一點不足。

為了保證正確把握行銷結果，您需要明白電子郵件服務提供商或者通過郵件行銷分析軟體提出的報告是基於何

種計算方式和基於那些指標得出的，這樣可以保證目標與預期相符。

然而，您也需要清醒地意識到，行銷結果一般不會與您預期的結果相符。在下一週的工作中，我們將致力於採用更加合理的指標。當遇到分析結果和預期相差甚遠的情況時，我們下週的工作將會十分有用。

首先，我們需要找出計劃和實際的偏差。不管結果是好是壞，都應該通過電子郵件行銷分析軟體建立一個符合公司需求的行銷報告，而不要一味地採用常規的報告。對於每一封郵件都要進行分析，建立一個行銷歷史記錄。

用戶結構分佈圖能夠很好地顯示公司整體用戶的表現，由此可以進一步設計針對特殊用戶群體的行銷戰略。

之後，選擇其中最大的偏差分析其成因。比如，可以分析郵件內容或者發送時間的最大偏差，雖然我們建議進行專門的測試，通過單一變數法找出具體是那個因素導致了現實與計劃的偏差，但這裏，您只需要通過所討論的內容，就可大致判斷今後需要測試的環節。如果行銷結果與預期相差甚遠，那麼可能是發送環節出了問題。

五、維護數據庫，提交網路聲譽

在郵件行銷計劃中，需要注意以下環節，以保持數據庫的整潔以及網上聲譽的良好。

1. 註銷用戶機制

保證所有的用戶註銷請求都能夠立刻被執行。如果您作爲出版商還與其他廣告商合作(或者相反,您是作爲廣告商與其他出版商合作),共同向用戶發送郵件,那麼作爲發送者你要遵守《控制侵略性非請求的色情或行銷內容電子郵件法案》規定,另外,您需要同時通知其他合作公司,將該用戶從用戶地址列表中刪除。媒體公司就提供這種機制,保證公司之間的數據庫互相溝通。

2. 驗證機制

需要保證電子郵件系統支援發送者允許驗證框架技術(SPF)、發送者身份技術。和域名密鑰識別郵件標準(DKIM)。這些郵件驗證技術,是 MSN、Hotmail、Yahoo 和 AOL 網站共同使用的郵件驗證方法。如果郵件系統不支援這些技術,那麼郵件可能被攔截,或者被 Internet 服務提供商確認爲垃圾郵件。您的電子郵件服務提供商應該提供這些技術,至少應該提供 SPF 和 DKIM 技術。

3. 反饋回路數據(FBLs)

Internet 服務提供商,包括微軟公司、AOL 公司、雅虎公司和康卡斯公司(Comcast)提供這項數據,用來告訴公司,那些用戶指控公司發送的郵件是垃圾郵件。當然,您希望立刻將這些舉報用戶剔除,但是同時您需要認真關注自己的網路聲譽。每一個 Internet 服務提供商都有一套自己的網路聲譽評分系統和郵件攔截機制。不過,諸如路徑回歸公司等發送服務提供商能夠幫助您協調與 Internet 服務提供商的關係。為了保證網路聲譽良好，您需要關注反饋回路數據，不再向舉報用戶發送行銷郵件，同時與主要 Internet 服務提供商保持良好關係。

4. IP 節流

向公司僱用的電子郵件服務提供商詢問是否提供網路域級別的 IP 位址節流措施。儘管聽起來拗口，但 IP 節流實際就是指每一個 IP 位址的發送能力上限。如果超過該上限一定數量，那麼會被查封，網路聲譽將受挫。

例如，康卡斯公司限制每一個發送者 IP 位址，至多同時只能建立 2 個連接，每個連接只能發送 1000 封郵件。對於不同 Internet 服務提供商，這個標準是不同的，而且他們經常改變規則。儘管電子郵件服務提供商發送郵件的速度是一個重要指標，但是更重要的是，需要明智地選擇發送策略，以適應網路上不同門派各式各樣的規則。您僱用的電子郵件服務提供商，應該熟悉 IP 節流技術，並且據此管理好郵件發送的速率，因為郵件發送速率需要在一天中即時地改變。

5. 對於沒有反應的用戶管理策略

如果您向一個用戶位址發送了 8～10 個月，但是用戶一直沒有反應，那麼該用戶被稱為休眠用戶。從郵件列表中剔除這些沒有反應的用戶十分重要，因為向這些休眠用戶發送郵件，會影響您的網路聲譽。一定要剔除這些沒有反應的用戶地址。

6. **歡迎策略**

當使用該策略時，至少自動回應可以確定郵件位址是否有效，從而避免虛假郵件位址進入您的位址簿。許多垃圾郵件監控人員會故意在行銷人員的用戶列表中加入壞位址作爲誘餌位址，以檢查行銷人員是否存在垃圾郵件發送行爲。

7. **一般用戶的郵件地址管理對策**

與電子郵件服務提供商合作，刪除那些常見的問題用戶地址，比如最常見的 infb@和 abuse@等非法郵件地址名稱。刪除這些郵件位址，能夠保持您的網路聲譽。

心得欄

第二節　優化您的行銷結果

一、分析報告

您的第一個行銷計劃正在順利進行，現在應當通過已有數據重新調整您的行銷預期，並且優化行銷計劃。

一般來說，電子郵件行銷人員可採用以下兩個方面衡量郵件的效果：郵件打開和鏈結點擊。

1. **唯一打開數量很高，但是唯一點擊數量並不高**

一般來說，唯一郵件打開數量一應該高於唯一點擊數量，這是由於以下兩個原因。第一個原因是用戶的預覽行爲。微軟公司的 Outlook 郵件用戶端軟體提供預覽功能，對於公司的追蹤系統而言，用戶的預覽行爲無法與打開行爲相區別。很多用戶預覽了郵件，但是不會查看郵件，這將會導致打開數量高於郵件鏈結點擊數量。第二個原因是雖然用戶查看了郵件，但是郵件的內容並非十分吸引人，用戶因此沒有點擊郵件內容中的鏈結。如果唯一打開率與唯一點擊率的相差值高於 25 個百分點，那麼就說明用戶的預期與郵件的內容脫節了。如果這個趨勢持續下去，就說明您的郵件沒有正確地發送給相應的用戶；或者意味著，現在發送這些郵件還爲時尚早。您需要通過 A/B 方案分類檢測法，提高打開率和點擊率。

使用 A/B 方案分類檢測法，對郵件內容進行優化。在設計郵件內容的時候，準備兩種不同版本的郵件內容。挑選一部份打開了郵件卻沒有點擊內容鏈結的用戶，作爲測試用戶，分別向他們發送兩種版本的郵件。A 版本的郵件，重覆以往郵件內容，比如通過主題欄告訴用戶郵件內容的價值，在郵件的正文宣傳產品。在 B 版本的郵件中加入新的創意。在郵件主題欄中，告訴用戶他們可以自主選擇，比如主題欄內容可以寫成「鮑伯，選擇您自己的優惠方式」。在郵件正文告訴消費者，他們被挑選參加公司的促銷活動。之後創建兩個不同的鏈結。一個鏈結提供 10%的折扣，另外一個鏈結提供免費送貨上門服務。然後，通過對行銷結果的分析找出那種優惠方式最有成效。

雖然例子中涉及的是零售商服務，但這個測試策略可以應用到任何領域中。在測試中限制用戶的選擇能夠帶來更高的點擊率；同時還可以告訴您，用戶更喜歡那種優惠方式。一旦採集到數據，您就可以進一步利用這些數據，基於用戶的喜好對用戶進行分組。測試可幫助您確定郵件內容所提供的信息是否足夠，還是過多了，同時還能夠找出用戶的口味。

2. 點擊率高於打開率

這說明，郵件中相當一部份的圖片被攔截了，或者郵件中相當大的一部份是純文本格式。如果您的郵件中使用多方 MIME 技術，如果點擊率高於打開率，則意味許多用戶是利用移動智慧設備閱讀郵件。但是，在這種情況下銷售率往往很低，因爲大多數登錄網站不支援智慧移動設備的訪問(由於它們使用無線設備協定格式)。可以在郵件內容中加入幾張圖片來解決這個問題。

3. 打開率和點擊率比歷史同期水準低，或低於計劃標準

這可能說明至少 10%的郵件不能正確發送到某些網路域，或者不能正常連接到一些 Internet 服務提供商。利用網路域發送報告能夠反映出這個問題。如果不是某個網路域的發送問題，那麼可能是郵件發送的時機和頻率不對。如果問題一直持續，那麼可能說明大量用戶並沒有接收您的行銷郵件。之前提到的，諸如實施調查或者提供彩票抽獎服務能夠幫助您改變這個現狀。如果這種異常情況經常發生，同時並不是發送問題導致的，那麼就可能是發送郵件的時機不對了。您需要將節假日和某些特殊日子考慮在內，因爲這些日子中，用戶會收到很多的郵件。比如星期四是一週之中重要的行銷時機，因爲可以通過行銷郵件告訴消費者，週五晚上去看什麼電影，週六去那裏購物等等。週四晚上的電視節目十分重要，因爲需要吸引大量的觀眾收看廣告，傳遞必要的行銷信息。電子郵件行銷也不例外，因此用戶會在星期四收到很多郵件。

4. 調整並測試郵件發送的頻率，在一天的什麼時候發送，在一週的那一天發送，以優化郵件的行銷效果

利用 A/B 測試法，在不同的時間向沒有回應的用戶發送郵件。在不同的時間或者採用不同的方法向用戶發送郵件，是測試你的郵件的行銷效果的第一步。

二、分析電子郵件的創意有效性

分析郵件的有效性是一門交叉性學科，需要借助大量實際數據的分析以及優秀的洞察力。判斷郵件內容的有效性往往十分複雜，它涉及用戶個人喜好、公司品牌效應、設計規範理念等等因素。如果按部就班地完成這些工作，往往會使得事情越來越複雜，這也是許多商家對消費者常犯的錯誤。這種工作模式往往只會造成越來越多的問題。

隨著行銷計劃的開展，可以利用以往的歷史數據指導郵件內容的設計，但是在起步階段，建議採用以下建議優化郵件內容設計。這些建議同樣適用於其他內容設計，比如登錄頁的設計。系統結構是從下到上的，您需要致力於尋找影響目前行銷計劃的最重要變數。

1. 郵件內容在用戶端軟體上的顯示問題

確保郵件內容遵循 HTML 表格佈局以及郵件範本寬度的設定。由於不同的郵件用戶端設計不同，您需要制定靈活的標準。您的郵件是否能夠在不同郵件用戶端軟體上正常顯示？是否能夠允許移動設備用戶接收？郵件範本的設計是否遵循郵件發送要求？

2.使用簡便

暫時放棄使用電腦，利用彩色印表機將電子郵件列印出來，連同3支不同顏色的彩筆交給手下的工作人員，讓他們用第一支彩筆標出郵件內容中最先吸引眼球的3個區域。在這個過程中，去除郵件的主題，以便測試者將精力集中在郵件內容上。利用第二支彩筆標記出測試者隨後關注的3個區域，最後用第三支彩筆標記出最後關注的3個區域。

從5～8名同事那裏得到這些結果，將結果繪製成分析表。每一列分別代表一塊導航欄、文字內容以及鏈結。9行內容代表之前用彩筆標記的9個區域(每3行是同一種顏色)。然後觀察每個同事標記的區域屬於郵件內容的那個部份，是否存在某種閱讀規則；如果存在，那麼就證明郵件內容佈局合理，方便讀者閱讀。

如果不同人閱讀郵件的部份和順序都不相同，那就說明郵件的佈局並不符合流覽郵件的用戶預期。理想的實驗結果，是所有的測試者採用相同的順序流覽整個郵件內容，並且這種流覽順序也符合公司的期望。如果達不到要求，則要重新進行設計。記住，如果郵件內容過於混亂，那麼對於用戶的行銷效果就會大打折扣。用戶會覺得厭煩，從而刪除郵件，甚至不會再去理會收件箱中公司的其他郵件。

3. **內容創意的有效性**

內容創意的有效性包含兩個因素。第一，您需要考慮郵件的創意，比如全新的郵件範本是否能夠簡化郵件製作的工序；又比如，是否能夠允許簡便快捷地測試，或者這種設計是否能夠被反覆利用。第二，在之前提到的彩筆試驗中，測試者以及公司員工的測試結果是否盡如人意，他們最初關注的目標是否和您預期的一致？如果郵件的創意能夠快速地在公司內部實現並且迅速被用戶接受，這樣就能保證您的郵件創意切實有效，同時能夠在未來很好地被優化維護。

4. **內容的清晰性**

彩筆實驗的結果是否反映出郵件內容存在語言混淆，或者反映出行銷目標不明確？郵件內容的核心目標，也就是驅使用戶行動的鏈結，是否突顯出來？行銷的內容和宣傳的觀點是否條理清晰？如果不是，您需要重新創意、更改圖片或進行文字處理。

5. **簡潔性**

這是有效性的另一方面。您是否正確地使用了鏈結？在電子郵件中，您不應該長篇累牘地宣傳，應該簡明扼要地闡述必要的事情。向消費者提供剛好且適當的信息，驅使他們點擊鏈結、登錄公司網站查看自己感興趣的信息，這才是郵件的真正目標。對於郵件的行銷結果，有如下幾個預期。如果您的郵件是定期新聞簡報性質的郵件，那麼可以向用戶講述一個主題故事或者一篇文章。如果您發送的是品牌效應的郵件，那麼目標就是介紹品牌理念或一款全新產品。例如，如果郵件的內容是一大張圖片，類似明信片，那麼郵件的目標應該定位於宣傳單一的產品或理念。在這種情況下，您可以修飾一下文字，但是總規則依然有效，那就是一定要促使用戶點擊郵件上的鏈結。

6. 一致性

每週向用戶發送的電子郵件週報是否採用相同的佈局、導航欄和顏色？如果不是，那麼應該及時更正。創造一種一致性，這樣用戶會對郵件的佈局和樣式產生親切感和熟悉感。雖然可以加入 Flash 等動畫元素，但是不要使郵件過於花哨。使用一致的顏色和字體，同時應保證這些顏色和字體使用廣泛，能夠被大多數作業系統和電腦正確顯示。

7. 個性化

您是否使用個性化信息，比如最基本的，使用用戶的姓名？您是否過多地在郵件中添加了個性化信息？不要讓用戶感覺您過於狡猾，不要在每個頁面上都添加用戶的姓名。

您需要按照用戶的個人喜好，向他們推薦不同的信息、商品或者服務。

相對於向每一個用戶發送相同信息而言，個性化，尤其是根據用戶特點的個性化，能夠產生更大的行銷效果。

三、綜合報告

大多數電子郵件服務提供商提供綜合分析報告程序，它們適用於大多數行銷人員。不同提供商提供的分析軟體多少有些不同。

在報告中展示以下數據：電子郵件的發送數量、電子郵件的嘗試發送總量（由於一些郵件遭遇發送失敗而重發，這個數值略高於電子郵件發送數量）、電子郵件的交付總量、郵件的丟失總量（有時用成功發送率代替）、總銷售額，以及之前提到的包括郵件的打開量和點擊量在內的所有數據。另外，所有百分比，應當以成功交付郵件的總數爲總體基數。應當瞭解電子郵件服務提供商使用的百分比計算方法，是以郵件發送總量爲基數還是以郵件交付總量爲基數。最後，您需要查看用戶註銷的數量，以及用戶投訴的數量。

1. 點擊打開率（CTOR）

這是點擊鏈結的用戶人數與打開郵件的用戶人數的比值。點擊打開率反映了郵件信息的有效性，表示是否能夠促使打開郵件的用戶進一步點擊行動鏈結。也就是說，點擊打開率是反映打開郵件的用戶量佔總體的比值，而不是發送郵件的數量佔總體的比值。

具體來說，點擊打開率能夠反映以下信息：

⑴郵件內容的相關性；

⑵優惠服務的吸引力；

⑶文字內容的有效性；

⑷郵件設計和佈局的有效性；

⑸郵件發送的時機是否合適；

⑹郵件提供的圖片鏈結和文字鏈結，是否數量和位置合適。

在某種程度上，點擊打開率同時反映了公司的品牌效應以及用戶對公司的信任程度。打開率更偏向於反映用戶對於公司的信任程度，如果用戶不信任您，就不會打開郵件。

2. 轉發率

這項數據的意義有限。雖然大多數電子郵件服務提供商通過調整郵件範本的寬度，來支援在郵件中需要添加轉發按鈕，但是調查顯示，大多數用戶利用郵件用戶端軟體(比如 Outlook)中的轉發按鈕進行郵件轉發。對於這種用戶行爲，公司是沒有辦法進行追蹤記錄的。

3. 休眠用戶比例

這是指那些收到電子郵件卻一直沒有做出任何諸如網站註冊、網頁流覽、鏈結點擊的用戶數量。這個比例應該表示爲佔總體成功交付郵件的比例。長期檢測這項數據，能夠反映用戶對於行銷計劃是越來越積極還是越來越消極。記住，您需要查看網路域發送的報告，以檢測用戶參與度的下降是否是電子郵件對於特定網路域存在的發送問題所造成的。

4.註冊率

這個指標能夠反映註冊機制的有效性。應該按照以下方法獲得該指標。首先，應該計算出註冊人數佔網站訪問人數的比值；之後，需要測量來自第三方的郵件位址註冊數量，例如聯合註冊和合作網站的註冊用戶；然後，需要計算通過公司內部管道獲得的註冊用戶的數量，比如電話中心、報刊亭和商店等等；最後，這些數據應該進行互相比較和分析，並且計算出註冊人數佔總體用戶人數的比例，還應計算出每週的用戶人數增長率。

四、衡量電子郵件在用戶消費中的地位

對於許多行銷人員來說，電子郵件帶來的收入佔到公司整體收入的10%～25%。

您已經完成了電子郵件的設計，如果您的公司是多管道行銷企業，您的電子郵件計劃應該能夠帶動網下銷售。衡量您的電子郵件計劃對於其他行銷管道的有效性，取決於在不同的行銷管道中，跟蹤行銷來源的能力。您可以通過使用唯一代碼來實現，它類似於直接行銷領域中被稱作來源代碼的東西。

商品目錄行銷人員通過在目錄背面標記來源代碼，來確定用戶是否通過閱讀產品目錄而進行消費。對於公司旗下商店櫃檯等網下行銷網點，不能直接確定用戶是否是由於電子郵件行銷而產生消費願望。對此，您也可以採用相同的策略，用於衡量您的電子郵件行銷計劃對於促進網下銷售的貢獻。

1. 使用用戶記錄識別符

用戶記錄識別符的內容，部份取決於網下銷售站點對於額外用戶數據的捕捉、儲存和報告的能力。

2. 詢問郵件地址

一些行銷人員在銷售時詢問客戶的郵件位址，以驗證公司內部的用戶郵件位址列表是否準確，同時收集用戶的網下消費情況。

3. 使用會員卡

利用會員卡，公司能夠更加準確地記錄用戶的消費歷史。朱庇特公司的研究報告說明：消費者平均參加 7 個長期銷售計劃。這些銷售計劃向會員提供獨特的折扣銷售活動。同時，通過會員卡，可以跟蹤電子郵件行銷計劃的效果。因爲這些行銷活動都是通過電子郵件與用戶交流溝通的，用戶可以通過電子郵件瞭解目前有什麼會員活動和優惠。

4. 提供特殊的來源代碼

許多電子郵件行銷人員鼓勵用戶將電子郵件列印出

來，拿到商店進行優惠卷兌換。而且，這些優惠活動不在網上進行，鼓勵用戶網下消費。在銷售的時候，通過優惠券上的編碼，公司就能夠知道，這項銷售的成功，歸功於電子郵件行銷。

5.將來源代碼融入到直接郵政郵寄中

行銷人員在交叉銷售中，往往已整合了電子郵件功能，並在向用戶發送的郵政郵件中加入來源代碼，以標示出這些用戶是電子郵件用戶，目的是確定電子郵件行銷計劃對於其他行銷管道的貢獻。一些廣告公司同樣採用這種方法，在出版的雜誌中加入某種形式的來源代碼，甚至在電視廣告行銷中，有些公司也利用該方法。

其他利用電子郵件進行用戶促銷的方法，就是利用一系列的信息。當用戶註冊郵件地址後，向用戶發送一系列針對性信息。

例如，酒店及滑雪度假公司英特維斯特公司就利用這個方法。當客人預訂前往公司旗下的某旅遊景點時，公司立刻向客戶發送圍繞客戶需求的一系列郵件。

第 1 封郵件：這是一封平常的事務性確認郵件，通知用戶已經預訂的服務。在這個例子中，英特維斯特公司將價格、旅行的起始時間和截止時間以及旅遊景點的介紹一起發送給用戶。

第 2 封郵件：這封郵件通常在消費者動身前 1～2 週發送，目的是進行追加銷售，比如滑雪課程、野營服務、遊覽勝地的夜生活資訊，其中包括餐廳的鏈結和其他娛樂服務的行銷信息。

第 3 封郵件：這封郵件在消費者動身前一天發送，目的是提醒消費者需要攜帶什麼物品，不必攜帶什麼物品，從中宣傳一些專業滑雪用具商店、服裝店等等。另外，它提供旅行期間的當地天氣預報。最後，它向用戶宣傳其他附加服務，比如滑雪課程、兒童看護服務以及餐飲服務。

第 4 封郵件：這封郵件是在消費者抵達旅遊景點後發送的，告訴用戶旅行期間的節目安排和娛樂活動。一般來說，這封郵件沒有行銷因素，只是單純地提供信息。

第 5 封郵件：這封郵件在旅遊結束後發送，其目的有兩個。第一，調查消費者的體驗回饋。第二，也是最重要的目的，是希望消費者在下一個節日能夠繼續來公司預訂假期旅行。通常這封郵件採用比較輕鬆有趣的口吻。

第 6 封郵件：這封郵件全年都在發送，向消費者宣傳公司的其他旅遊景點。這是一封客戶關係保持類郵件，意在保持與曾經消費過的客戶之間的關係。應當特別說明的是，這是一封一年 12 個月都需要發送的郵件。也就是說，公司的電子郵件行銷計劃分爲兩個方面：一是針對從未消費的客戶，一是針對曾經消費過的客戶。

下面是針對其他零售業的建議事項：

1.大眾零售業公司，比如電器和服飾類公司。使用售後電子郵件信息，以節省售後服務開銷。在用戶購買產品後，您可以進行交叉銷售，例如向電視購買者推銷有線電視服務。更重要的是，您可以在用戶購買後快速跟進兩封郵件。第一封郵件提供產品服務信息資訊，比如常見問題匯總、使用手冊、客服論壇等等。在隨後的那封郵件信息中，邀請用戶將體驗回饋發送到網站社區。這種方法能夠保持用戶的參與性，同時向公司提供了一個衡量用戶積極性的客觀數據。這樣，也許公司已經得到了一個品牌支持者。

2.服務業公司，比如金融服務公司。前一環節的方法在這裏也是適用的。第一封郵件可以徵詢用戶的回饋意見，第二封郵件能夠進行交叉銷售和追加銷售，比如宣傳額外的信用卡業務。

心得欄

第6章

讓企業形象快速提升的網路新聞

網路新聞，顧名思義，就是基於網路的新聞。網路新聞的本質有兩方面：一方面是基於 Internet，以 Internet 為傳播介質；另一方面它屬於新聞範疇，是新聞的一種表現形式。隨著 Internet 在全球範圍內的高速發展，網路新聞已成為電子行銷的一種重要形式。

第一節　網路新聞與傳統新聞的區別

隨著 Internet 在全球範圍內的高速發展，網路媒體如雨後春筍般湧現，網路新聞已成爲越來越多的網民獲取新聞的一種重要形式。

網路新聞，顧名思義，就是基於網路的新聞。網路新聞的本質有兩方面：一方面是基於網路，以網路爲傳播介質；另一方面它屬於新聞範疇，是新聞的一種表現形式。

表 6-1　網路新聞與傳統新聞的比較

衡量標準	網路新聞	傳統新聞
時效性	時效性強。網路新聞的更新週期是以分鐘甚至秒來計算的。網路新聞的信息來源廣泛，製作發佈的過程也比較簡單，在遇到突發事件時，網路能夠在第一時間將新聞發佈出去。此外，網路能夠 24 小時不休息地進行新聞傳播，這樣的新聞傳播速度與時效性是傳統媒體新聞所不能比擬的	時效性相對較差。報紙的出版週期常以天甚至週計，電視、廣播的週期以天或小時計算，在對突發事件的報導中，最快的紙介媒體報導也要經過一系列的人工編輯，以及排版、印刷才能夠將新聞傳播出去。傳統媒體一般不能實現 24 小時新聞報導
表現形式	多媒體報導，採用文字、圖片、視頻等多種形式，使新聞報導更具綜合性、直觀性、生動性、形象性，增強了新聞的感染力和影響力	單一報導，報紙是「文字新聞」，重在文字；廣播是「音頻新聞」，重在聲音；電視雖然將聲音圖像集合到一起，但文字方面欠缺

續表

真實性	網路新聞作爲一種開放式的信息管道，在爲人們提供新聞言論自由空間的同時，也不免會摻雜大量的虛假新聞，造成了網路新聞的可信度相對較低	由於受職業與社會的雙重壓力，傳統新聞把關較嚴，因此傳統新聞一般比較真實，可信度高
交互性	交互性強。網民可以對發佈的新聞信息發表意見、評論，能夠實現信息發佈方與網民的「一對一」互動	交互性弱，幾乎沒有互動性，基本上是「一點對多點」的輻射狀傳播
信息容量	海量的信息。網路新聞的超鏈結方式使網路新聞的內容在理論上具有無限的擴展性與豐富性，信息空間完全不受三維空間的限制，整個文字結構仿佛是一個複雜的分子模型，大量信息可以被重新組合	信息量有限。在傳統的新聞媒體上，如報紙的版面，電視、廣播的時間都是有限的，面對一個信息爆炸的時代，這樣有限的信息量不能夠滿足受眾的需要
傳播範圍	全球發佈，受眾遍及四海，打破了傳統媒體新聞的地方局限性	存在區域限制
可存儲性	可存儲性強。當網民在網上閱讀到感興趣的新聞時，可保存在自己的電腦裏，隨時流覽。此外，對某一新聞事件，網民可以通過搜索和流覽以前的新聞，瞭解到整個事件的背景和發展過程	可存儲性較差。如報紙的保存會因時間久遠，紙張的磨損等因素受影響，電視新聞的存儲性也較差

雖然同屬於新聞範疇，但由於傳播介質不同，網路新聞與傳統新聞相比，有著很大的差異性。它們之間的比較

如表 6-1 所示。

第二節　網路新聞寫作技巧

網路新聞作爲新聞的一種表現形式，自然遵守新聞寫作的基本原則，即把握好新聞的「5W」——時間(When)、地點(Where)、人物(who)、事件(What)和原因(Why)。但由於傳播介質的不同，因此網路新聞與傳統新聞相比，在寫作要求上，還是有一定差異的。下面，就以常見的新聞(消息)稿爲例，對網路新聞的寫作要求進行說明。

1. 精心製作標題

標題的重要性在網路新聞中尤爲突出，在網路傳播中，標題和正文一般是分別安排在不同層級的網頁上；網民想看那條消息，只有點擊後才能看到。傳統媒體如報紙，則是標題和正文排在一起，一眼全都可以掃到。從某種意義上說，網頁標題有點像書籍目錄，網民對標題文字的介紹有著很強的依賴性。好的標題會吸引、刺激、引導網民去點擊閱讀，反之，如果新聞標題不吸引人，就不會引發點擊，傳播過程也就不能繼續。那麼如何製作網路新聞標題呢？建議從以下幾點著手：

(1)直接點出新聞中的新奇事實或重要意義；

(2)儘量迎合社會熱點；

⑶從網民最爲關心的問題出發：

⑷緊扣新聞事件的最新動態；

⑸披露網民雖熟悉卻並不詳知的事情細節或者內幕；

⑹標題宜實勿虛，虛的標題往往使網民難以理解，甚至產生荒誕的感覺，從而放棄點擊；

⑺標題長度要適中，網頁版面的整體佈局是相對固定的，標題字數受到行寬的限制，既不宜折行，也不宜空半行。標題過短，往往不能很好地反映新聞的「亮點」。

毋庸置疑，網路新聞標題的製作體現了新聞作者或網路編輯的深厚「功底」。需要指出的是，將標題製作得更加準確、生動，富有感染力，吸引網民，雖不是「一日之功」，但也並非無規律可循，如果緊緊圍繞上述 7 點去思考，擬出的新聞標題自然會吸引網民的眼球。

2. 突出重點新聞要素

網民流覽網頁通常採用掃描式閱讀，在這種閱讀方式下，要想讓網民清晰、準確地捕捉到新聞的核心信息，在寫作時就要力求做到：高度簡潔、清晰地表述最爲重要的事實；合理排列新聞要素，將最重要的新聞要素置於文章最前面，這樣就能夠讓網民在最短的時間內準確、完整地瞭解到最重要的新聞要素。由此看來，網路新聞的第一段寫作至關重要，因爲它關係到能否吸引人繼續往下流覽；即使後面不被流覽，是否已將最重要的信息準確無誤地傳遞。

一般來說，在寫第一段時，先用較爲簡練的語言對事件做概括性的描述，通常只要說清事件的主體、客體、時間、地點即可，再以一句話簡單概括出事件的意義。從某種意義上說，第一段就是整篇新聞的「濃縮」，這種「濃縮」的好處在於方便網民閱讀，掌握信息，同時也便於網民決定是否繼續往下閱讀。此外，還有一個重要的原因就是，現在有越來越多的網民習慣於通過搜索引擎來尋找相關信息，而搜索引擎中的信息內容描述一般是從網路新聞的第一段中摘取的。網民一般也是通過閱讀內容描述來決定是否閱讀全文。

以在主流媒體發表的新聞稿爲例，對網路新聞的寫作標題進行說明。

案例：

新聞事件：舉辦「2007新人力《工作合約法》貫徹實施高峰論壇」。

新聞標題：警惕用人單位大規模裁減老員工

案例分析：

爲什麼要用這樣的標題？如果換一個標題「新《工作合約法》貫徹實施高峰論壇開壇」或「新《工作合約法》宣傳首站起航」，從內容上說，都沒有什麼問題，但是太過普通，很難吸引人們關注。而「警惕用人單位大規模裁減老員工」這個標題非常好，因爲它是從人們最爲關心的問題出發，直擊社會熱點——新《工作合約法》是對企業有利，還是對員工有利，爲什麼會引發大規模裁減老員工？這些自然引起了人們關注。也正是因爲採用了這樣的標題，當天該新聞就出現在入口網站首頁，並被多家網站轉載，賺足了網民的眼球。

心得欄

第三節　網路新聞傳播的四大方式

常見的網路新聞傳播方式主要有 3 種：公關公司傳播、轉載傳播和搜索傳播。

1. 公關公司傳播

公關公司的優勢主要有兩點：網路媒體資源優勢和撰稿優勢。通過公關公司的操作，能比較好地提煉新聞事件的「亮點」，同時針對新聞事件的內容，有針對性地選擇若干網路媒體進行傳播，從而達到傳播效果最大化。

2. 轉載傳播

一般有兩種：一種是網路媒體轉載紙介媒體上發佈的新聞，即所謂的「二次傳播」；另一種是網路媒體之間的轉載。通過轉載這種方式，也可以放大新聞傳播效應。

3. 搜索傳播

據資料顯示，全球約有 76%的流覽者在 Internet 上通過搜索引擎或其門戶網站來查詢相關信息，因此若企業或機構發佈的新聞被搜索引擎收錄，並出現在搜索結果頁面的前幾頁，就很容易引起目標群體的關注，從而達到信息傳遞的目的。

案例：王老吉捐款 1 億元背後的新聞

2008 年 5 月 18 日晚，中國的中央電視臺舉辦了「愛的奉獻——2008 抗震救災募捐晚會」，王老吉飲料公司向地震災區捐款 1 億元人民幣，創下中國單筆最高捐款額度。王老吉相關負責人表示，「此時此刻，加多寶集團、王老吉的每一名員工和我一樣，虔誠地為災區人民祈福，希望他們能早日離苦得樂」。此後，關於「王老吉捐款 1 億元」的新聞迅速出現在各大網站，成為人們關注的焦點。

新聞之後，一則「封殺」王老吉的電子郵件帖子也開始在網上熱傳。幾乎各大網站和社區都能看到以「讓王老吉從中國的貨架上消失！封殺他！」為標題的帖子。「王老吉，你夠狠」，網友稱，生產罐裝王老吉的加多寶公司向地震災區捐款 1 億元，這是迄今國內民營企業單筆捐款的最高紀錄，「為了『整治』這個囂張的企業，買光超市的王老吉！上一罐買一罐！」雖然題目打著醒目的「封殺」二字，但讀過帖子的網友都能明白，這並不是真正的封殺，而是「號召大家去買，去支持」。甚至有網友聲稱「要買得王老吉在市場脫銷，加班加點生產都不夠供應」。

也許是無心插柳，也許是故意為之，但不管怎樣，王老吉的善舉感染了民眾，刺激了消費者對王老吉的熱情。

當「王老吉捐款1億元」的新聞鋪天蓋地時,「不上火」的王老吉實實在在地「火」了。

王老吉的「火爆」也再次彰顯了網路新聞的行銷價值。隨著Internet的迅猛發展,作為新聞的一種表現形式,網路新聞已經走進人們的生活,影響著人們的消費選擇。

網路新聞有廣義和狹義之分。廣義的網路新聞是指Internet上發佈的具有傳播價值的各類信息,狹義的網路新聞則專指Internet上發佈的消息、資訊。從廣義的網路新聞概念出發,可以對網路新聞做如下分類。

1.網路新聞報導

一般根據新聞內容劃分為國內、國際、財經、科技、娛樂、體育、社會新聞等,在表現形式上則主要有文字新聞、圖片新聞、視頻新聞等。

2.網路新聞評論

一般分為專家評論、編輯評論和網民評論。網路新聞評論擁有跨時空、超文本、大容量、強互動的魅力。網路新聞評論體現了網民的基本需求:一是「交流性」,Internet提供了一個網民交流的公共場所,大量意見和觀點通過網路媒介彙集、交換和傳播;二是「參與性」,網民通過網路傳媒發表自己的觀點,實現其作為一個社會成員的權利和義務。

3.網路新聞專題

新聞專題是網路媒體針對一個有新聞價值、能夠引起社會廣泛關注的話題，運用多種媒體手段進行新聞整合報導的新聞報導形式。新聞專題一般有以下幾部份組成：各個媒體的新聞報導，有關專家、學者、權威人士的意見，社會各方面的反應，網路論壇(網民的聲音)，代表網站自身新聞立場、態度的新聞評論。

此次事件對企業的啟示是：

1. 新聞傳播能讓品牌的美譽度大幅度提升

王老吉慷慨解囊 1 億元人民幣，體現了王老吉對抗震救災高度關注的社會責任感，樹立了愛國品牌良好的形象，贏得了人們的好感，這無疑是一場高效的企業公關行為。眾所週知，公關的本質在於溝通，溝通的本質在於讓受眾認同，而認同的核心則在於佔據消費者心智。當王老吉捐出 1 億元的善款時，可以說打動的不僅僅是消費者的心，而是全中國的心。

2. 新聞傳播能有力地促進企業的市場銷售

王老吉慷慨捐助的行為「感動」了大批消費者並快速形成口碑，消費者的感動和支持則轉化為購買行為，並極具「傳染性」。「以後喝王老吉(捐款 1 億元人民幣)，存錢到工商(8726 萬元)……」這樣一則關於生活和企業產品相結合的打油詩被廣為傳頌。王老吉甚至一度在市場上脫銷。

第7章

讓品牌贏得好口碑的論壇行銷

論壇行銷強調的是互動，通過與消費者進行充分的信息交互，滿足消費者的願望與需求。在信息交互中，企業的品牌得到了傳播，形象得到了提升，最終達到了促進市場銷售的目的。

第一節 受企業青睞的論壇行銷

網路的普及推動了網路行銷的發展，作爲網路行銷重要方式之一的論壇行銷也正被越來越多的企業所採用。企業爲什麼會青睞論壇行銷呢？

1.論壇的「人氣」以及所聚集的核心受眾，是企業所看重的重要因素之一。Internet 用戶中 18～35 歲的年輕網民比例爲 60%，36～40 歲的爲 8.7%，41～50 歲的爲 7.8%，50 歲以上的爲 3.9%。上班族成爲論壇註冊用戶的中堅力量。論壇已成爲他們交流、解決生活和工作問題不可或缺的工具。這些人群正是行銷的核心受眾，他們普遍收入較高，購買力強，消費需求旺盛。論壇註冊會員從量的積累到質的飛躍，註定了論壇成爲商家的必爭之地。

2.論壇行銷與傳統行銷相比，成本低廉且信息發佈迅速、覆蓋面廣。在論壇行銷中，參與其中的每個人不僅是信息的接收者，更是進一步傳遞信息的節點，也就是人們常說的「一傳十，十傳百」，呈幾何級數地傳遞信息。而網民與企業的良性互動，也大大增加了網民對企業的好感，良好的印象自然有助於網民的購買行爲。此外，企業還可以根據目標用戶的不同特質，如行業、愛好、性別、年齡等，對「大眾」論壇的受眾進行「窄眾」細分，從而大大地提高了行銷推廣的精準性。

第二節　論壇行銷的成功技巧

論壇行銷成本低、傳播效力大的特點吸引了眾多企業的目光，不少企業紛紛拿起論壇行銷這一網路行銷的利器。然而從實際操作情況來看，一些企業的論壇行銷效果並不佳。難道是論壇行銷失效了？其實，論壇行銷作爲一種網路行銷方式，本身並沒有失效，之所以行銷效果不佳，主要原因就在於實施論壇行銷時，沒有走好關鍵的工作。

1. 選擇合適的論壇

企業在實施論壇行銷時，一定要根據企業產品的特點，選擇合適的論壇，最好是能夠直擊目標客戶的論壇。如明治地喹氯銨含片的目標受眾是白領，那麼在選擇行銷論壇時，就要選擇白領們常去的論壇，比較常見的有：資訊生活/時尚生活、白領麗人、小資生活/健康社區、TOM的健康之家/時尚沙龍、21CN 的白領 E 族、帖吧的白領吧以及女性論壇等，直接說給目標用戶「聽」，這樣行銷就更有針對性。

有的企業在實施論壇行銷時，片面追求論壇的人氣，而不去考慮所發佈的信息與論壇板塊是否相符，以爲人氣越高，關注企業信息的人就越多。其實這是偏失。一則人氣太旺，企業所發佈的帖子很快就被淹沒了，二則帖子內容與論壇板塊不符，很難引起網民關注，有時甚至會令網友反感。因爲論壇是不同人群圍繞同一主題而展開的話題，比如育兒板塊，談的自然是與育兒相關的話題，如果去談化妝美容顯然是不適合的。

2. 巧妙設計帖子

作爲傳遞產品信息的載體，信息傳達的成功與否主要取決於帖子的標題、主帖與跟帖 3 部份。如果一個帖子能夠吸引網民點擊，又巧妙地傳遞了企業產品的信息，同時讓網民感受不到廣告帖的嫌隙，那麼可以說這組帖子是非常成功的。

(1)標題

網民流覽論壇的時候，首先接觸到的是帖子的標題，標題「誘人」與否直接決定了帖子是否會被點擊流覽。因此在策劃標題時，可以從引發產品使用的場景入手，選定一個能引發爭議的產品使用場景，以爭議點作爲標題內容，吸引網民眼球，引導其點擊進入。

(2)主帖

當網友被一個誘人的標題吸引並進入帖子後，主帖內容的優劣直接決定了回覆是否被流覽，因此在撰寫主帖時，可以把標題中有爭議的場景展開，在一個完整的產品使用場景下，傳達產品對於消費者的重要性，並在主帖結尾爲回覆設置懸念。由於產品信息傳達也可發生在回覆中，因此建議主帖只要將產品使用場景敍述清楚即可，不需要加入過多的產品信息，以免引起網民反感。

⑶ **回帖**

回覆內容一般爲網民對於產品的「主觀」評論，當網民被標題、主帖吸引，查看回覆的時候，就是帖子「真實身份」曝光的時刻。拙劣的回覆會令網民一眼察覺整個帖子的意圖，影響產品傳達效果。因此在撰寫回覆時，要採取發散性思維，聲東擊西，爲產品信息做掩護，將網民可能產生的負面情緒降到最低。

3. **及時跟蹤維護帖子**

帖子發出後，如果不去進行後期跟蹤維護，那麼可能很快就沉下去了，尤其是人氣很旺的論壇，沉下去的帖子顯然是難以起到行銷作用的，因此帖子的後期維護就顯得尤爲重要。

及時地頂帖，可以使帖子始終處於論壇(板塊)的首頁，進而讓更多的網民看到企業所傳遞的信息。從實際操作來看，維護帖子時，最好不要一味地從正面角度去回覆，適當從反面角度去辯駁，挑起爭論，可以把帖子「炒熱」，從而吸引更多的網民關注。

4. **四組行銷帖案例**

下面，就以論壇上發佈的四組行銷帖爲例，對帖子的設計做一說明。

案例 1

標題：JM 們千萬別跟婆婆同住

主帖：我們結婚時候沒有錢買房子，就在婆婆家結婚的。開始和婆婆的關係還行，自從有了小孩，我們的婆媳關係發生了微妙變化。偶爾爭吵一下，也就過去了，特別是孩子一生病，婆婆就找我吵，說我懶又不會帶孩子。我跟老公商量著搬出來住，那怕是租房子。老公向著他媽，不願意搬出來住，我無語。

有一天，孩子又生病了，我跟婆婆大吵一架，一句不讓，結果把婆婆氣得當場暈倒，嚇得我們趕緊把婆婆送到醫院搶救。還查出婆婆高血黏，容易得冠心病，我很後悔不該跟婆婆吵架，JM 們，你們知道高血黏症的病人如何保健嗎？

回帖 1：樓主，我很同情你，這樣的婆婆你關心她幹嘛？

回帖 2：昨天在網上看見一篇文章說「某醫院向教授試驗發現一種可以降低血黏度的食品」，我忘記這食品叫什麼名字，你查查看。

回帖 3：冠心病是不能生氣，樓主你要忍忍吧。

案例分析：

婆媳話題一直是個敏感話題，也是個熱點話題。「JM 們千萬別跟婆婆同住」，首先從標題上就吸引了人們的眼球。為什麼不能同住呢？會發生什麼樣的故事呢？富有情節的「故事」自然吸引著人們進一步往下閱讀。隨著情節的發展，在主帖中很自然地引出了「高血黏」，爲回帖中出現「某醫院向教授試驗發現一種可以降低血黏度的食品」埋下了伏筆，而這正是本組帖子所要傳達的核心信息，讀者你明白嗎？這點才是我們整個文章的埋伏重點所在。另外，婆媳話題也是一個很有爭議性的話題，「公說公有理，婆說婆有理」。作爲媳婦、婆婆和兒子，站在各自的角度來看問題，結論無疑是不一樣的。觀點的交鋒，很容易把帖子炒熱，這樣就會引起更多人的關注。

案例 2

標題：測一下你是不是中風的候補人群？

主帖：

①你是否早晨醒來就覺得頭暈，不清醒，思維遲鈍。吃過早餐後，頭腦才逐漸變得清醒？

②你是否午餐後犯困，需要睡一會兒，否則整個下午都無精打采。相反，晚餐後精神狀態特別好？

③你下蹲時間較長時是否氣喘？

④你是否有時候突然會感覺眼前一片模糊？

以上問題，如果你都回答是的話，那麼，你一定要看看醫生了，關愛自己的生命，要關注小細節。

回帖 1：壞了，我怎麼和這上面說的一樣，怎麼辦？是不是我就是中風候補人群了？

回帖 2：現在怎麼大家都在說中風啊？今天剛在網上看見說某醫院發現了一種食品能防中風。現在，是不是中風很熱啊。

回帖 3：現在人的身體越來越不好了，大家都要愛惜自己啊！平時可要多注意休息，不要老上網看電視了。

案例分析：

健康一直是社會關注的熱點話題，「過勞死」、「英年早逝」之類的事件給人們敲響了警鐘。此帖從關心人們健康的角度出發，以知識普及的形式出現，首先就贏得了人們的好感，使人們喪失了「警惕」，主動打開帖子去流覽。當然，之所以選擇「中風」，而不選擇其他話題，自然是爲下一步傳遞「某醫院發現了一種食品能防中風」的信息打下基礎。

案例 3

標題：一個忠告：橄欖油不要輕易食用！！

主帖：後悔啊，前幾年在一個朋友的慫恿下，一衝動，將家裏的食用油改成了橄欖油，用的是西班牙牌子品牌，橄欖油雖貴點，但這點錢咱還是花得起的！最近一咬牙，買了車子和房子，還貸壓力陡然增加。沒辦法，咱也節衣縮食吧，把橄欖油再換成原來的沙拉油吧。可沒想到，吃慣了橄欖油，竟然不習慣沙拉油的味道了。唉，幸福是一種奢侈品，用了就不想失去，XDJM 切記，切記！

回帖 1：樓主有病吧，不就是油嗎，有什麼不適應的。

回帖 2：呵呵，橄欖油既保健又美容，省了看病和美容的錢，還是蠻划算的。

回帖 3：建議樓主去山區體驗一下生活，看看能不能適應。我看，還是有錢燒的。

案例分析：

此帖的精彩之處是「明抑暗揚」。從表面上看，似乎是抵制橄欖油，但從整組帖子來看，卻巧妙地把橄欖油的好處「既保健又美容」完整地闡述了出來，並自然地引出了西班牙牌子品利橄欖油，達到了將信息傳遞給目標受眾的目的。從帖子標題來看，符合橄欖油的產品定位。另外，以「抵制(不要)」、「曝光」這樣的形式發佈信息，更容易引起人們的關注。

案例 4

標題：現在的藥名為什麼都那麼難記啊？

主帖：什麼「地喹氯銨含片」、「維拉帕米」、「特莫昔芬」、「馬來酸依那普利膠囊」等，讀得拗口，記得頭痛，仿佛下決心不讓人懂，現在買個藥怎麼還這麼費勁啊！

回帖 1：我就知道明治地喹氯銨含片是治療咽喉炎、口腔潰瘍、齒齦炎的。其他的還沒用過。

回帖 2：像「胃舒平」、「保肝靈」、「感冒清」、「止咳糖漿」、「消炎片」……文化程度不高的人也能按「名」索藥，豈不大家方便？

回帖 3：可能是有規定吧，要不，生產藥的也不傻，幹嘛給自己找麻煩。

案例分析：

帖子傳達的產品信息是明治地喹氯銨含片——一種可以治療咽喉炎、口腔潰瘍及齒齦炎的含片。傳播切入時，從抱怨西藥藥名複雜、拗口這一現象入手，這樣就與有同樣感受的網民產生了共鳴，從而吸引其參與討論。在場景的展開過程中，將目標藥品與其他藥品並排，比較好地隱藏了主帖的「廣告味」。在回覆中，由於不可避免地會暴露帖子的「真實身份」，因此只在一個回覆中加入產品信息，引導網民認爲只有這個回覆是「外來」的廣告，帖子的其他部份還是網民的真實感受。

心得欄

第三節　論壇引發巨大商機

在中國的一個羌族美少女，僅用了一個月的時間就迅速抓住了成千上萬網民的眼球，成爲網路紅人，網友們稱她爲「天仙 MM」。「天仙 MM」的橫空出世源於一組在網上轉帖率極高的照片。

2005 年 8 月 7 日，中國某著名網站的汽車論壇出現了一個名爲「單車川藏自駕遊之驚見天仙 MM？！」的主題帖，發帖人「浪跡天涯何處家(網名)」以文配圖的形式發佈了一組四川羌族少女的生活照，立刻在論壇引起轟動。照片中的羌族少女一襲民族盛裝，以其自然清新的面容、略顯神秘的氣質引來無數網友的讚歎。照片拍攝者「浪跡天涯何處家」更是在帖子申寫滿了溢美之詞：「無論遠看近視，羌妹子舉手投足都有一種美感，與所處環境對比，給人一種嚴重而且強烈的不真實感……」

沒過多久，此帖就開始在各大論壇之間流傳開來，並廣爲轉載。一些網站在沒有「加精」、「置頂」的情況下，帖子點擊數在一天內竟超過了 10 萬次。爲方便網友參與討論，騰訊公司還特地爲「天仙 MM」提供了兩個新 QQ 號，作爲她與網友直接交流的一個專用平臺。此後一些門戶網站也被「天仙 MM」的人氣所折服，紛紛在首頁辟出專欄隆重推出。在網路的推動下，「天仙 MM」迅速成為網路紅人。

「天仙 MM」的超強人氣引發巨大商業價值。2005 年 9 月份，「天仙 MM」接受四川省理縣政府的邀請擔任理縣旅遊大使，此後的 10 月 2 日，理縣接待來自中國各地的旅遊者約 13000 人次，創造了理縣旅遊日接待人數的新高。10 月份，「天仙 MM」又成為中國電信四川阿壩州分公司代言人以及西南最大門戶網站天府熱線網站代言人。2006 年 3 月份，國際著名手機品牌新力愛立信在廣州宣佈，聘請「天仙 MM」出任其最新入門級手機「簡・悅」系列的形象代言人。

「天仙 MM」的走紅，作為網路推手的「浪跡天涯何處家」自然功不可沒。

⑴巧妙設計主題，迎合網民口味

Internet 的迅猛發展，在提供受眾海量信息的同時，也產生了一種新的不同尋常的推廣方式——網路炒作。與傳統的推廣方式相比，網路炒作更多的是集中在人的身上，以人為傳播主體。無論是正面的，還是負面的，只要能吸引受眾的眼球就能成為「紅人」。正是基於此，網路造星運動一發不可收拾。從木子美、流氓燕到芙蓉姐姐、紅衣教主，再到水仙姐姐……一顆明星隕落，又一顆星星升起，一張面孔寂寞，又一個臉蛋兒紅火。縱觀這些網路紅人，可以看出，她們都是在用自己曝光的方式來吸引大眾的眼球，「天仙 MM」簡單、自然、純潔、美麗的形象映入了大眾的視眼，迎合了網民的口味。她的樸素美麗使得期待「返璞歸真」的人們眼前一亮，也恰恰是這種自然、樸素、未經修飾的美，引發了眾多網民的追捧。

⑵利用網友爭論和跟蹤報導，將主題迅速炒熱

此次論壇行銷之巧妙還在於故意引起「派系」之爭。帖子發出後，觀看的網友自動分爲兩派，一派讚歎圖中美女驚爲天人，大力擁護；另一派則認爲，這完全是一場發帖者一手策劃的鬧劇，農家的少女不可能保養得這麼好，一定是專業模特擺拍的。在讚歎與質疑聲中，該帖不斷升溫，兩派陣營也不斷擴大。在爭論中，發帖者繼續跟進，對「天仙 MM」進行深度挖掘──「再訪天仙」、「三進羌寨」，甚至「四進」的跟蹤報導也先後推出。在不斷的「推波助瀾」報導下，網友們的「爭論」也愈加升級，而「天仙 MM」的人氣則直線飆升，達到幕後造勢者的目的。

心得欄 --

第四節　MOTO 引領手機新時尚

MOTO L6 是摩托羅拉公司 2006 年推出的新一代超薄機型，爲了更好地推廣 L6 新品，摩托羅拉重點打造了「薄客」、「鋒利」的產品概念，瞄準「意見領袖」，採取了論壇行銷的方式，取得了矚目的效果。

在論壇行銷的具體執行上，摩托羅拉以「輕薄、鋒利」作爲主訴求點，結合 2006 年流行的網路元素、網路名人，策劃了「線上找遊戲」、「芙蓉姐姐代言」、「名人血案」等主題帖，多角度地向目標群體傳達產品信息，同時借助 V3 的銷售熱潮，增強了目標群體對 L6 新品的關注度。在帖子的類型上，則採取了圖片帖、活動宣傳帖與手機介紹帖 3 種形式。

圖片帖：採用美女圖片或帶有故事情節的搞笑漫畫等方式，炒作 L6 機型，讓網友在開心的同時瞭解 L6，並產生購買慾望。

活動宣傳帖：配合 L6 線下活動，以活動宣傳爲主，施以促銷手段，使目標群體知道活動並產生參與活動的慾望。通過線上宣傳與現場活動相結合的方式，引導消費者。

手機介紹帖：收集有關 L6 的功能介紹、L6 手機評測、產品信息等內容，以普通網友的身份講述手機，多方位展示此款機型的特點與優勢。

漫畫通過誇張的表現手法，突出 MOTO L6 超薄及鋒利無比的特點。最後一幅圖片中，坐在後面的同學在引發了「血案」後，第一時間關心的不是前面的同學，而是自己的手機，反映出他對手機的珍愛。這種出人意料的結果，更是令人大跌眼鏡，由此也加深了大家對 L6 的印象。

根據監測結果顯示，MOTO L6 在爲期兩個月的論壇行銷中，各類帖子的總點擊次數近 10 萬次，回覆則高達 1200 次。更爲重要的是，通過口碑傳播，MOTO L6「輕薄、鋒利」的產品特點在目標群體中得到了很好的傳遞。MOTO L6 精緻薄巧的形象，以及主流的功能設計，更是深受女性用戶的青睞。在當年的手機市場調查中，MOTO L6 成爲最受歡迎的手機款型之一。

MOTO L6 手機的論壇行銷的成功法寶是什麼呢？

⑴從社會熱點入手，巧妙設計主題，吸引網民廣泛關注

在實施論壇行銷時，摩托羅拉巧妙地將傳播主題與流行的網路元素(網路名人)如芙蓉姐姐、網路小胖、名人血案等結合了起來，迎合了網民的口味。在吸引網民廣泛關注的同時，MOTO L6 的產品信息也得到了比較好的傳遞。在帖子內容設計上，將「輕薄、鋒利」的產品特點貫穿始終，強化 MOTO L6 的產品優勢，引導消費者的購買行爲。

⑵充分利用論壇的互動傳播，激發消費者的購買慾望

摩托羅拉通過發佈具有視覺衝擊力的產品曝光圖，直接刺激了消費者的視覺感官，激發了消費者的購買慾望。同時輔之以消費者的個人體驗，如「手機也可以這樣帶」、「大腕手機版」、「L6 幫我搞定女友」、「欲哭無淚，寶貝兒 L6 接連不斷『惹禍』上身」等極富誇張力的行銷帖子，以網友的「切身」感受，一傳十，十傳百，呈幾何倍數地傳遞信息，形成一股輿論導向，影響消費者的購買行爲。

⑶線上傳播和線下活動相結合，強化產品信息傳達

MOTO L6 的成功之處還在於，將線上傳播與線下活動有機地結合了起來。線上傳播促進了線下活動的開展，使活動更有成效，而線下活動也加強了線上傳播，通過活動參與者的親身體驗、分享、互動，進一步強化了產品信息的傳達。立體的行銷策略組合，使得 MOTO L6 上市推廣活動大獲成功。

心得欄

第 8 章

拜訪式行銷的博客行銷

博客行銷是基於博客這種網路應用形式的行銷推廣，也就是企業通過博客這個平臺，向目標群體傳遞有價值的信息，最終實現行銷目標的傳播推廣過程。

第一節　博客行銷的本質

博客是這幾年最火爆的網路應用之一。據說寫博客的人已經多達幾千萬。在一定程度上說，還沒有使用博客行銷的，就不是好的網路行銷人員。

一、博客和博客行銷

簡單地說，博客就是日記形式的網站。博客最初的名稱是 weblog，由 web 和 log 兩個單詞組成，按字面意譯就是網路日誌。後來喜歡創造新名詞的人把這個詞的發音故意改了一下，讀爲 Weblog，由此 blog 這個詞被創造出來。

博客就是在網上寫的日記，有一些普通日記的特徵。比如正文是按時間排序，不過與寫在日記本裏的日記不同的是，最新的文章排在最前面，老的日記會被逐次推到後面。

博客都有按時間列表，列在側欄中，讀者可以點擊查看以前的日誌。

另外側欄中還有按主題分類，還有按標籤分類，所以博客是一個很靈活的網站系統，同一篇帖子會出現在按時間、標籤、主題分類頁中，當然也會出現在按時間排序的首頁上。

博客的另外一個特點是 RSS 種子訂閱，讀者可以使用自己喜歡的 RSS 閱讀器訂閱博客，而不必到博客網站上來看帖子。RSS 是 Web2.0 網站的特徵之一，現在很多網站都有「RSS 訂閱」按鈕，但被使用最多的 RSS 訂閱還是博客。

相應地，博客行銷指的就是運用博客宣傳自己或宣傳企業。這裏所討論的博客行銷指的是發表原創博客帖子，建立權威度，進而影響用戶購買。

網上有很多所謂博客行銷，算不上是博客行銷。比如有的人認爲博客行銷是去各個免費博客託管服務商網站建立大量博客帳號，同一篇博客帖子發表在這些託管博客平臺上，甚至有的文章根本就是抄襲或轉載的，其目的就是從這些博客產生外部鏈結，用來推廣自己的主站。

有的人認爲博客行銷是企業付費聘請其他博客寫手撰寫博客帖子，評論企業產品，發表在自己博客上。有的博客託管服務商就提供這種服務，叫做付費博客。不認爲這是博客行銷，把它叫在博客上做廣告更合適。

真正的博客行銷是靠原創的、專業化的內容吸引讀者，培養一批忠實的讀者，在讀者群中建立信任度、權威度，形成個人品牌，進而影響讀者的思維和購買決定。

二、博客行銷就是爭奪話語權

博客行銷的本質在於爭奪話語權。或者說得直白一點，寫博客就是爲了昭告天下：這裏有這麼一號人，他的言論是應該被注意的。有了話語權，行銷迎刃而解。

博客並不是直接發佈產品介紹，也不是發佈公司新聞，而是獲得話語權，建立權威地位後偶爾提一下某個產品或服務，在潛移默化中影響用戶的購買決定。博客要發揮作用，必須首先被人信任，首先成爲一個品牌，在行業中具有影響力，掌握話語權。有影響力的博客，不管說什麼話，都會有人相信。同樣的話不同的人說出來，效果大不一樣。

之所以有這種差別，是博客作者長年累月積累的結果。要想靠博客爭奪話語權，就必須分享自己的知識、經驗、體會，而不是直白地推銷產品，或者發佈公關新聞稿。

很多大公司把博客作爲新聞發佈的主要平臺之一，比如 Google 官方博客。Google 不同部門運行各自的官方博客，當有新產品推出時都會在官方博客發佈新聞。由於訂閱 Google 博客的人數巨大，通過博客立即可以在業界產生影響，把消息傳達到最終用戶的眼前。

不過這種在博客上發佈新聞的方式不是絕大部份中小企業能有充分發揮的博客行銷手段。Google 這些大公司的博客對博客行銷人員多少有些誤導。Google 的博客之所以被用來發佈產品新聞，是因爲他們已經有了極高的權威度和巨量訂戶。普通企業的博客如果被用來介紹產品和發佈新聞，壓根就不會有人閱讀和訂閱，就更談不上博客行銷效果了。

要想獲得話語權，博客最好專注於某個專業話題，因爲我們無法面面俱到。任何一個作者都不可能在每個行業都能寫出見解深刻的帖子。

博客要想發揮行銷作用，不必直接談產品，也不必直接談公司，只要細心經營內容，建立影響力、品牌，獲得話語權，在需要的時候提一下要行銷的網站或產品，效果就會馬上顯現。

簡單提一下就會產生效果，是建立在長年累月經營博客的基礎上。

心得欄 ------------------------------

第二節　企業博客

首先要明確的是，企業博客是以個人觀點爲基礎的博客，也必須個人化、風格化。企業博客並不因爲是企業行銷的一部份，就要做得嚴肅正規。博客本身就是個人化極強的媒介形式，對企業博客也同樣適用。

當然，由於企業博客一定是由企業行銷部門統一規劃執行，通常不像個人博客那麼隨心所欲，因此就會產生一些特殊性。

一、專人負責，堅持寫作

首先，企業要開始博客行銷，就要確定專人負責，明確分工。堅持寫博客帖子不是一件容易的事情。寫過博客的人都很清楚，一時興起寫上幾篇甚至幾十篇對很多人來說可能輕而易舉，大家都寫得不亦樂乎。但堅持幾個月，堅持幾年，絕不是一件輕易的事情。

企業博客必須從一開始就明確由誰負責，寫作題掃範圍包括那些，寫作頻率如何。大公司可以由各個部門輪換寫作不同內容的帖子，中小企業可能要確定一兩個專門負責的博客寫手。從大部份企業博客來看，一般博客作者都是各個部門的負責人，或者是在本行業已經很有權威度的專家人物。

二、確立博客目標

企業博客必須確定目標。個人博客純粹以個人品牌爲目標，很多個人博客不一定需要準確監控博客行銷效果。企業博客則不同，既然是企業行銷的一部份，就要明確目標及監控方式。

博客的本質在於爭奪話語權、建立品牌知名度，所以博客目標就不適合確定爲幫助企業產生多少銷售金額，或者博客廣告鏈結的點擊率等直接以立即效果爲標準的數字。企業博客目標更適合確定在能體現出信息傳達率和受眾群範圍的指標上，比如 RSS 訂閱總數。

如果博客使用第三方種子燒制服務，比如 FeedBumer，這些服務會自動統計使用各種閱讀器的訂閱總數。如果博客直接輸出種子，則可以自行使用主要博客閱讀器查看在這些閱讀器中顯示的博客訂閱數目。一些有影響力的博客訂閱數動輒數萬，再加上很大一部份不習慣使用閱讀器而直接上博客網站閱讀的用戶，一個有影響力的博客，效率不下於一家報紙或雜誌。

企業博客監測目標效果也可以參考帖子被引用次數、被轉載次數等。總之，企業博客目標通常是擴大影響力，擴展受眾範圍。

三、個人觀點與企業立場

企業博客應該注意處理個人觀點與企業立場的關係。

企業博客在一定程度上必然代表企業立場，同時博客作者又是個人，內容、寫屹風格又必須個人化、風格化，有時就會產生個人觀點與企業立場的矛盾，比如對競爭對手的評論、對本公司弱點的評論等。

總體上說，只要不傷及客戶利益或者透露商業機密，企業博客應該允許和鼓勵作者發表個人立場和觀點。如果在話題範圍上限定過於嚴格，就很難發揮博客作者的積極性和能力。對一些稍微敏感的話題，博客可以強調帖子內容是個人觀點，不是企業立場。

企業博客是與用戶溝通、收集回饋意見的最好方式之一。

在博客出現之前，比較有規模的公司，尤其是公司高層，要想直接聽取最終用戶的意見，管道並不暢通。一個普通用戶怎樣才能把自己的意見傳達到像戴爾這樣規模的公司高層眼前？一直以來，企業採取的是邀請用戶舉行座談會等形式。可以想像這種座談會既不能經常舉行，也無法接觸到最廣泛的用戶群。

博客的出現使最普通的用戶可以在企業博客上反映產

品的問題，提出改進意見。這些回饋意見可以立即被公司最高層看到，願意的話，公司總裁和最普通用戶還可以產生對話交流。當然，最主要的交流還是發生在讀者和專門負責博客行銷人員之間。掌握最終用戶的心聲，常常能給公司提供很有價值的產品意見。所以很多人認爲對話、交流，形成社區的感覺，是博客的最大特點之一。

四、企業博客外包

最近出現不少企業博客外包服務。很多企業對網路行銷、博客行銷並不瞭解，有的公司沒有時間、人員、精力自己進行博客行銷，博客外包應運而生。

如果有能力，企業最好由內部人員做博客行銷，外包只是萬不得已的選擇。博客並不是新聞評論，更不是產品說明書，博客是企業員工、老闆或高層，表達自己在企業工作的一點一滴，包括成功的經驗、遇到挫折時的煩惱、對行業的預測、產品使用竅門、公司趣聞等，這些話題很難想像外人能夠寫得如魚得水。外包的企業博客很容易變成企業新聞和公關稿。

博客外包服務還是新鮮事物，有市場需求就一定有人抓住商機。建議博客外包服務公司首先從深入瞭解客戶公司入手，並且把博客培訓納入服務範圍，最終達到客戶自己運行博客，博客外包服務商轉化爲顧問的形式。

五、謹慎處理負面評論

企業博客對留言中的負面評論處理需要採取正確、謹慎的態度，尤其不要輕易刪除負面評論。只要用戶留言並沒有謾罵、誹謗，對公司產品的批評意見都應該保留，並且由專人給予回覆和跟蹤。

沒有理由地刪除負面評論，常常會激怒讀者和用戶。如果這些用戶到其他博客、論壇廣泛傳播批評言論被刪的事情，反而使企業陷入被動。

對很多企業來說，博客是一個越來越重要的公關平臺。以往出現公司負面新聞時，解決的方法大多是通過各種媒體闢謠、澄清。有了企業博客，一旦出現不實的負面新聞，公司可以迅速在博客上澄清。如果是真實的負面新聞，公司也可以在博客發表補救措施，聽取用戶意見，直接與用戶對話，而無須通過其他媒介。

博客是網路行銷行業最熱門的話題之一，博客行銷也越來越受到企業重視，不過運用非常成功的還並不多。

第三節　博客平臺的優化

一、博客設置和優化

無論是使用第三方博客平臺還是自己的域名，選定平臺或安裝好軟體後，對博客都要進行一定的設置。當然運行在自己主機的博客設置更全面、更靈活。通常這些設置都是一次性的，在開始寫作前就應該做好。下面就討論爲達到博客行銷的最佳效果應該怎樣對博客進行優化設置？

如果是使用 WordPress、Movable Type 或 Zblog 等，已經有很多現成的免費插件供使用。下面討論插件具體例子時都以 WordPress 爲例。如果是使用第三方博客平臺，就要看平臺本身是否提供了相應功能。

1. 鼓勵訂閱

博客的一大特徵是 RSS 輸出，用戶不僅可以在博客網站上看帖子，還可以將博客的 RSS Feed(種子)訂閱到自己喜歡的閱讀器上閱讀。一旦博客有新帖子發佈，用戶閱讀器就會自動顯示。

就像電子郵件行銷一樣，一個博客成功與否的重要標誌之一就是訂閱數的多少。通過網站直接讀帖子，很難保證用戶今後還會再來你的博客。而訂閱了博客種子，就有點類似於訂閱了電子雜誌，用戶將成爲一個長期讀者。所以博客應該鼓勵用戶訂閱，把「訂閱」按鈕放在最明顯的位置，通常是側欄的最上面。

建議使用最標準也是最容易辨認的桔黃色的 RSS 訂閱按鈕。現代潮流是把訂閱按鈕尺寸放得比較大，既吸引用戶注意到按鈕訂閱博客，也成了博客的一個明顯視覺特徵。

博客 Feed 輸出可以有全文輸出和摘要輸出兩種方式。有些博客爲了提高網站本身的流量和頁面流覽率採用摘要輸出，用戶想看完整帖子，必須點擊閱讀器中的鏈結到網站上閱讀。這在某些情況下是一個好的選擇，比如需要提高流量賣廣告。

但在大部份情況下，建議採取全文輸出，用戶不必訪問博客網站，直接在閱讀器就可以看到帖子全文。這種方式才使訂閱用戶看帖子最方便快捷，不必給用戶設置多一道手續。就用戶友好性來說，全文輸出更受歡迎。

2. 永久鏈結

使用第三方博客平臺，博客帖子的網址通常都是自動生成的，無法改變。好在大部份平臺已經生成了靜態的永久鏈結。

使用博客軟體時需要自行在博客後臺進行設置。在 WordPress 後臺單擊「選項」，然後選擇「永久鏈結」，會看到幾種永久鏈結格式，包括帶有日期、數字號碼格式，以及自定義格式。

永久鏈結中不包含日期及分類，只是一個帖子本身的文件名。這樣的好處是網址最短，看起來比較美觀。而且在需要的時候，可以更改帖子的發表日期而不會影響到永久鏈結的 URL。

3. 網站地圖

博客也是一種特殊的網站，建立網站地圖是用戶友好性很重要的一個方面，有助於用戶集中查看整個博客的內容。

不過大部份博客軟體並沒有提供網站地圖功能，需要使用插件實現。

4. 書簽和網摘

博客是社會化網站的主要形式之一。另外一種社會化網站是在線書簽、網摘及 Digg 服務，這些網站所提交的內容也以博客帖子爲主。Digg、在線書簽、網摘都有大量用戶，因此博客帖子被分享可能帶來大量新用戶。博客系統應該提供最方便的方法讓用戶可以非常簡單地把博客帖子提交到主要的 Digg、書簽和網摘服務。

同樣，這通常也是需要通過插件實現，比如 Social Bookmarks Plugin for WordPress(http://www.dountsis.com/projects/social-bookmarks)。

這種插件在博客帖子底部自動生成主要書簽網摘服務的提交鏈結，用戶只要點擊書簽、網摘的名稱或圖示，就會自動來到相應的提交頁面，而且提交的網址、標題等都已經塡寫好了。

5. **相關文章**

每一篇帖子下面可以列出與這個帖子相關的其他帖子，既有助於搜索引擎完整收錄，也有助於用戶找到更多相關信息，深入閱讀。

在 WordPress 中也需要通過插件實現，如 Related Posts(http://www.w-a-s-a-b-i.com/archives/2006/02/02/wordpress-related-entries-20/)插件，就會自動根據帖子的標籤生成最相關的文章列表。

6. **博客分類**

博客帖子通常按主題進行分類。博客作者在創建博客時就應該大體思考一下，自己的博客應該分爲那些類別，先行建立好這些類別，寫帖子時將帖子歸在相應的類別下。

建議在盡可能的情況下，分類可以更扁平化一些，即分類越詳細越好。當然這是在不影響用戶體驗的情況下，最多可以有 20 個左右的分類。分類再多的話，導航列表將太長，反而不利於用戶流覽。

分類時還要注意到邏輯性。每一個小的分類都應該是整個博客主題的一個子系統，再加上一到兩個沒有明確主題的分類，放一些個人隨想之類的帖子。

7. **標籤 Tags 使用**

Web2.0 網站的重要特徵之一就是標籤(Tag)的廣泛使用。標籤實質上就是關鍵詞，系統將相關文章按標籤(關鍵詞)聚合在一起。

寫博客帖子時，後臺有相應的標籤欄，作者填入與博客帖子相關的關鍵詞作爲標籤。博客系統會按這些標籤自動聚合所有帶有相同標籤的帖子。通常在博客側欄中用標籤雲(tag cloud)的方式顯示出這些標籤。被使用次數多的標籤在標籤雲中的字體就更大，用戶很方便地就可以看到博客的內容焦點在什麼地方。

寫博客帖子時選擇標籤的重要原則是，一定要精確挑選最相關的關鍵詞，千萬不要每個帖子都把寬泛的關鍵詞列出來。如果博客是寫 SEO 的，不要每篇博客都把 SEO 作爲標籤。雖然大部份帖子都與 SEO 相關，但應選擇更精確描述帖子的關鍵詞，如外部鏈結、內部鏈結、網站結構等。

另外，標籤的使用上也要和分類有所區別。如果標籤名稱與分類名稱大量重合，標籤對用戶來說就沒有什麼意義，而且也容易在搜索引擎中造成複製內容。所以標籤儘量不要使用分類名稱，換一個角度說，可以把博客分類當做大分類，標籤當做更細的小分類。比如一個 SEO 博客，分類可以有鏈結策略、關鍵詞策略、內容策略等，標籤就可以使用外部鏈結、內部鏈結、鏈結誘餌等，這些標籤實際上都可以當做是鏈結策略分類下更小的分類。

8. **使用圖片**

大部份博客作者都有一個不太好的習慣，就是把主要精力放在了文字的寫作上，而很少使用圖片。

調查表明，在博客中放上一些圖片能很好地吸引用戶仔細看帖子，而不是匆匆忙忙地看一眼就離開。這裏所說的使用圖片，不僅僅是在爲了說明某個問題時不得不用圖片進行解說，也包括在並非一定要有圖片的情況下，放上一些賞心悅目的幽默有趣的小圖片，讓用戶能夠會心一笑或者心情放鬆。

9. Ping

網路上有不少博客聚合及統計服務。博客帖子寫好發表後，需要主動通過 Ping 的方式通知這些博客聚合或統計網站，告訴聚合網站這裏有一篇新帖子。

博客後臺 Ping 服務部份塡寫上主要的聚合或統計網站 Ping 地址，每當有新博客帖子發出時，系統將發送 Ping 信號。或者使用自動 Ping 服務。

10.垃圾評論過濾

幾乎所有稍有知名度的博客都會面臨垃圾評論的煩惱。網路上有很多專門用於在博客上群發垃圾評論的軟體，自動掃描、收集博客位址，然後留下垃圾評論和垃圾鏈結。

使用 WordPress 軟體可以安裝 Akismet 插件（http://akismet.com/），這是一個很強大的垃圾過濾系統，會根據留言的特徵進行判斷，準確率相當高。被判斷爲垃圾的評論，就會直接被送到垃圾隊列中，不會出現在博客留言中。垃圾過濾系統設置。

建議博客作者把博客留言系統設置爲只有註冊用戶才可以留言，即必須填寫姓名及電子郵件位址，而且要設置爲第一次留評論必須要通過審核才可以出現在博客評論中。這很簡單的方法其實可以阻擋住很大一部份垃圾留言。

11. 範本選擇

主流的博客軟體都已經有大量免費範本可供選擇。

建議博客作者最好不要使用博客軟體附帶的默認範本。使用默認範本的博客數量還是非常多，會使博客顯得同質化，在視覺上沒有特點。可以到博客軟體的官方網站流覽現成的範本，挑選一個與自己博客主題比較符合的風格。博客範本的下載安裝是非常簡單的，通常只要把範本的幾個文件上傳到範本目錄，然後在後臺激活就可以了。

12. 博客名稱的選擇

博客名稱不同於企業官方網站的名稱。企業網站通常不得不使用公司的正式名稱，但無論是企業博客還是個人博客，博客名稱都不適合太八股、太正式，而應該選擇一個輕鬆獨特的名稱。

13. 複製內容

博客的形式特點之一就是除了帖子頁外，還在其他很多地方出現同樣的博客內容，如按日期存檔、按分類存檔、按作者存檔，還有按標籤的聚合存檔。同一個帖子會出現在上面所有這些存檔頁中，再加上博客首頁和主導航。這會造成比較嚴重的複製內容問題，對搜索引擎排名可能會帶來不利影響，這是博客的結構特點造成的。解決的辦法是通過 robots 文件禁止搜索引擎收錄存檔頁，而只收錄博客帖子頁。或者通過插件在存檔頁面中動態插入 noindex 標籤，禁止搜索引擎收錄這些存檔頁。

14.速度優化

WordPress 雖然是一個很強大的系統，但是也有一些缺點，比如程序訪問數據庫的次數非常多。懂些編程的博客使用者可以通過優化 WordPress 代碼，減少訪問數據庫次數，提高整個博客速度。比如通常 WordPress 頭文件中，生成 WordPress 版本信息或頁腳中生成博客名稱，都要從數據庫中提取信息。實際上這些信息都可以用固定代碼寫在程序文件或範本中，而不需要訪問數據庫。

15. Meta 標籤

給每一個博客帖子寫 Meta 標籤是一件比較煩瑣的工作。建議大部份情況下，可以直接刪除 Meta 標籤部份，不使用 Meta 標籤。尤其是有一些博客系統所生成的 Meta 標籤，每個頁面都是一樣的，在這種情況下，用還不如不用。

如果博客作者想充分利用 Meta 標籤，可以安裝一些 Meta 標籤插件，爲每一個帖子，每一個分類頁面，都寫一個獨特的 Meta 標籤。

16. NoFollow 屬性的使用

NoFollow 屬性用於網頁鏈結中，意義是告訴搜索引擎，這個鏈結不是網站作者對其他網站的信任投票。博客留言中現在越來越多使用 NoFollow 屬性，因爲博客留言畢竟不是博客作者自己所寫，而且留言人的網站品質參差不齊，博客作者不可能保證留言簽名的網站沒有作弊，沒有違法內容。

所以博客留言中的鏈結，最好使用 NoFollow 屬性，表示這些鏈結並不是博客作者推薦大家去看，而是讀者自行留下的，博客作者對此不負責任。目前使用的 WordPress 新版本都已經自動將博客留言簽名或博客留言本身出現的網址加上 NoFollow 屬性。

17. 郵件訂閱

除了鼓勵用戶將博客訂閱到閱讀器外，有些用戶更喜歡通過電子郵件閱讀，所以可以考慮利用插件實現郵件訂閱博客的功能，比如 Subscribe2 插件（http://wordpress.org/extend/plugins/subscribe2/）。博客更新後，新帖子會自動發送到訂閱者的郵件位址。

心得欄

第四節　怎樣推廣博客

一、定時更新

博客是日記格式的網站，內容需要經常更新才能留住老讀者，吸引新讀者。這一點和新聞及門戶類網站比較相似。

大部份企業網站的主要內容是不會經常變化的，而博客首頁是在不停更新中的。一個來到你博客的讀者，如果看到首頁上的最新帖子是幾個月之前發表的，這個讀者會訂閱種子或者以後再來看帖子的可能性就很低了。對一個博客來說，內容是王道尤其正確，並且是經常更新的內容。

博客的更新最好定時，形成一定的間隔規律，使讀者有個明確的心理預期，知道該什麼時候來看你的博客。雖然說博客寫手應該強烈推薦讀者訂閱博客種子，從閱讀器上看博客，但現實中會使用及習慣使用閱讀器的畢竟還是少數，大部份讀者寧願選擇到網站上直接看更新。

所以博客作者就應該有一個大致穩定的更新週期，諸如每天更新，或每星期一更新，又或者一、三、五更新。每星期更新多少次，或在那一天更新並不重要，重要的是形成規律。不要讓讀者以爲該更新了，來博客幾次卻發現都沒更新。

博客篇幅不一定很長，有話則說，無話則短。有時一兩句話的感想，也足可以引起讀者的興趣和討論，只要不是無病呻吟就可以了。

博客的更新也不要走向另一個極端，每天更新太多。有統計數字表明，使用戶取消訂閱博客的重要原因之一就是更新太多，讀不過來。除了少數團隊博客每天發表多篇內容、風格各異的帖子可以接受外，普通的企業和個人博客能每天一貼已經是上限了。

二、專家訪談

在博客中對行業專家進行訪談在國內似乎還比較少，在英文博客中很常見。

通過博客進行訪談是一個很獨特的博客文化。在其他類型的網站中比較少見到訪談內容，除非是新聞類的網站。

博客訪談包括主動訪談行業專家及接受其他人的訪談兩種方式。

與傳統媒體的訪談不同，博客訪談形式非常簡單靈活。可以與對方進行郵件問答，也可以通過 QQ、MSN 等及時通訊工具進行問答，或者是通過 Skype 等語音工具與對方語言交流同時錄音，然後整理出訪談文字。或者在參加行業聚會時與專家進行簡短的 10～20 鐘問答，用 MP3 或手機錄音，再整理成文字發表在博客上。

比如搜索行銷行業，每次有搜索行銷大會舉行時，都是參會者尋找目標，進行訪談的大好時機。把與專家的訪談內容發表在自己的博客中，首先給自己的博客增添了非常吸引眼球的內容，借助對方的知名度提升自己博客的影響力。同時，接受訪談的專家一般也都會在自己的博客上提一下接受了某某博客的訪談，推薦大家去看具體內容，這無疑又是讓行業專家推廣自己博客的最好方法之一。

接受其他人的訪談也有異曲同工之妙。就算你是行業專家，肯定也有一部份人不知道你是誰。其他人和你做訪談，把內容發在他的博客上，就是你的個人品牌或企業品牌擴展到對方的讀者群中。

在尋找訪談對象時，當然首先要找到行業中大家都在關注的人物，訪談內容才能水漲船高，引起更多人注意。這一點無須多談。認真對待博客的企業和作者，一定也要花時間瞭解了本行業中有那些權威。

這些權威不一定對你的訪談要求感興趣，你所需要做的是瞭解對方的喜好及目前的工作重點，站在對方的角度考慮，有什麼東西能促使對方答應與你進行訪談。在聯繫訪談對象之前，就要找出一個最可能打動對方的角度和理由，最好和對方正想做的事情一拍即合，這樣成功率才更大。

要勇於嘗試，不要怕被拒絕。實際上很多行業專家都是非常熱心的人，只要時間允許，很可能樂於與你進行訪談。就算由於種種原因不能答應，對你也沒有任何損失，至少還能讓對方記得你，也許以後還有其他合作機會。

三、在其他博客留言

作爲博客寫手，要想在本行業的博客圈中建立威望，閱讀其他博客是必不可少的功課之一。看到自己感興趣的話題，在其他博客留言發表自己的想法也是推廣自己博客的重要手段之一。看似簡單，其實效果很好。

通過留言推廣自己的博客，不僅可以帶來其他讀者的直接點擊流量，更重要的是在於讓對方博客作者對你有印象，注意到你，欣賞你的評論，並希望能向其他讀者推薦你的博客。

大部份博客作者都會流覽自己博客幾乎所有的留言，看到真知灼見或者惺惺相惜的言論，一定會注意到留言的人。這樣的留言一次兩次可能效果還顯示不出來，但 5、6 次甚至更多時，一定會引起對方的注意。如果你在簽名中留下自己博客的鏈結，對方很可能也會來看你的博客，訂閱你的博客；如果看到感興趣的內容，就很有可能在自己的博客中討論一下，討論時就不可避免地得引用你的原帖。

真正長期吸引對方的話，對方也可能特意向自己的讀者推薦你的博客，並把你的博客加入 blogroll 等。一個行業權威博客作者推薦你的博客是最好的推廣，能幫你迅速進入圈子主流。

要有效利用留言推廣，首先要做些調查研究，找出本行業中權威性的博客。比較一下對方博客的種子訂閱數、留言數目、流量，有一些博客還在頁面上顯示貼子流覽次數，由此就可以大致知道這個博客有多活躍、多權威。找出十幾個這樣的行業權威博客，訂閱一段時間，摸清楚這些博客作者的觀點、喜好等情況，然後開始漸漸地在這些博客中選擇感興趣的話題進行評論和留言。

留言時切忌諸如「非常感謝」、「頂」、「好文章」、「有同感」之類的話，博客作者對這樣的留言不刪除就算寬容了，更不會去注意到留言的人了。

留言也應該有針對性，有自己鮮明的觀點，才能引起其他讀者、博客作者的興趣和注意。

留言時應該填寫自己的真實姓名或者網名，而不是留下一堆關鍵詞。諸如「起重機」之類的名字，顯然這些人是爲了留下關鍵詞鏈結，而不是真的想參與討論。同樣，這樣的留言不被刪除已算萬幸。

在其他博客留言時應該統一使用自己的獨特的網名，甚至真實姓名，持之以恆建立自己的信譽度和知名度。博客行銷的本質在於話語權，在於權威度。留言的目的就是爲了引起別人的注意和重視，而不是留下垃圾鏈結。

在其他博客留言簡單易行，效果顯著。大部份博客作者發現新博客的途徑也是通過看留言。

四、Blogroll

所有博客的側欄中都有一個部份——Blogroll(博客圈鏈結，博客列表)。有的人把它叫作友情鏈結，實際上叫友情鏈結不是很準確，因爲真正的Blogroll列出的是博客作者自己經常閱讀或已經訂閱的，覺得值得向其他讀者推薦的博客。Blogroll的原意是列出作者讀的博客，並不是用來交換鏈結的。

進入其他人的 Blogroll 也是推廣自己博客的重要手段之一。如果能進入行業權威博客 Blogroll，效果當然更好。不過要想成爲其他人的日常閱讀博客之一並不容易，尤其是專家的Blogroll，需要有策略。

首先應該確保自己的博客已經寫了一段時間，有足夠高品質的內容。大部份人不會把一個沒幾篇帖子的新博客列在自己的 Blogroll 中，除非是聞名已久的人物開新博客。更新一段時間後，挑選幾個與自己博客權威度比較相近的博客首先加在自己的Blogroll中。先不要把最權威的博客加進來，除非你純粹只是向讀者推薦，而沒有寄希望於對方也把你加入Blogroll。

把對方的博客加入自己的Blogroll後，可以每天點擊一兩次，使對方知道你把他的博客加入了Blogroll。這裏要強調的是，不必特意通知對方你把他的鏈結加進去了。一般來說，也不要要求對方和你交換鏈結。只要加上對方鏈結點擊幾次，一般對方都會知道，因爲認真寫博客的人，通常都會很在意其他博客對自己的反應。當他們查看日誌文件或流量統計，發現有從其他地方來的直接點擊流量時，一定會查看一下這些點擊流量是來自什麼地方，從而在你的博客上看到他的博客已經被加在你的 Blogroll 中。如果你的博客真的有好的內容，對方也很可能訂閱一段時間，然後加在他自己的 Blogroll 裏。當你的博客知名度提高之後，可以再把其他知名度高的博客加進來。通過這種方式，委婉地邀請對方在 Blogroll 中加入你的鏈結。

這裏有兩個值得討論的地方。

1.並不是每個加入 Blogroll 的博客都希望對方也鏈結回來。有一些本行業最權威的博客，屬於必須推薦給讀者的，因爲無論如何也要加入 Blogroll，而不必考慮對方是否鏈結回來。不用怕鏈結到別人會分流自己的讀者，你的 Blogroll 中有真正的行業權威，才能體現出你博客的權威性和公正性。

2.有一些博客寫手也喜歡直接與對方聯繫交換鏈結，就像普通網站的友情鏈結一樣。這樣做有時候效果恰得其反，一些專家的博客是不會交換鏈結的。進入這樣的權威博客 Blogroll 的方法，就是引起對方的注意，讓對方自覺自願地把你的博客加進去。事實上大部份權威博客也確實會這麼做。對方發現你的博客品質好，喜歡你的內容，自然會加進 Blogroll，而不會以交換鏈結作爲前提條件。

所以到底是委婉地引起對方注意，還是直接聯繫對方進行交換，還要先看一下對方博客的情況，瞭解對方作者的風格。如果對方 Blogroll 中列出的大部份都是沒有交換關係的博客，你也就不要要求與對方交換了。如果對方博客側欄中寫明是友情鏈結，那麼不妨聯繫一下。

五、社交

博客是社會化網路的最典型方式之一。而社會化網路的特點就在於人與人之間的交往，這和傳統媒體式網站完全不同。在以博客爲代表的社會化網路中，不管圈子中的人在現實生活中是否見過面，但是在網路上大家看對方博客，留言評論，在論壇中討論，收藏、分享書簽、圖片、視頻，在 QQ、MSN 等及時通信中交流，甚至有很多博客圈子會組織線下活動。這些社交活動其實都是很好的博客推廣機會。

這些參與社會化網路的人群大部份都有自己的博客和網站，與其他博客寫手交流多了，熟悉了，交換個 blogroll 鏈結，或者就某個話題各自發帖子，互相引用討論，互相推薦和評論對方，這一切都變成了非常簡單又順其自然的事情。

六、博客目錄

就像網站目錄收集網站位址一樣，也有一些專門收集博客的目錄。可以在搜索引擎搜索「博客目錄」、「博客登錄」等相關關鍵詞，把自己的博客提交到博客目錄。另一類相似的目錄是 RSS 目錄，因爲博客都具備 RSS 訂閱功能，這些 RSS 目錄也會收錄博客。

七、回答評論

大部份博客寫手都會流覽自己博客裏的留言，但是只有一部份博客作者有積極回答評論的良好習慣。讀者在你博客留言，有時候是問具體問題，有時候只是發表一兩句感想，但無論是那種情況，如果博客作者作出有針對性的回覆，留言的讀者通常都會高興，覺得受到重視。畢竟博客是一個交流和對話的場所，每個人都多少有希望被重視的心理要求。

在博客中的熱烈互動往往會帶來更多的推廣機會。讀者很可能會在自己的博客或論壇上告訴大家你回答了他的評論，或者把討論的話題引申到其他博客和論壇。

第五節　博客「搏」來無限商機

博客行銷就是基於博客這種網路應用形式的行銷推廣，也就是企業通過博客這個平臺，向目標群體傳遞有價值的信息，最終實現行銷目標的傳播推廣過程。

博客(Blog)，就其本質來說，就是網路日誌。隨著Internet技術的迅猛發展和博客的廣泛應用，博客已經完全超越了「日誌」的原始內涵，融會了信息傳播、時事熱評、情感交流、行銷宣傳等多種功能。因此對企業而言，博客的意義遠非只是個人話語權力的自由釋放那麼簡單，它所帶來的信息傳播、話題引導等給企業創造了一種新的不同尋常的行銷方式——博客行銷。

博客行銷，從某種意義上說，可以稱之爲拜訪式行銷。因爲博客講究的是身份識別和精準，不同的博客針對不同的目標群體。博客要實現行銷價值，就必須吸引越來越多的目標群體不斷地去拜訪企業博客，通過拜訪和互動，達到信息傳遞的目的。

在Web2.0時代，博客的力量正在被越來越多的企業所關注。2006年6月，全球著名的微處理器廠商AMD公司正式宣佈簽約國內著名演員，並在其博客投放廣告。

具有「中華第一博」美譽的該演員，正式成爲AMD公司大中華區移動計算技術品牌的形象代言人。AMD 看中該演員，除了其作爲演員的知名度之外，還包括其在博客上的超高人氣。該演員每天超過 1000 萬的博客點擊率，已經使得該演員成爲個人化媒體中最引人矚目的明星，同時也擁有一大批忠誠的網路讀者。這些讀者素質較高，具有一定「小資」氣質，這正是 AMD 所需要影響的目標消費群。

博客自 2002 年引入中國以來，發展迅猛。據中國 Internet 信息中心(CNNIC)數據顯示，截至 2008 年 6 月底，擁有個人博客(個人空間)的網民比例達到 42.3%，用戶規模已經突破 1 億人關口，達到 1.07 億人。博客不僅是網民參與 Internet 互動的重要體現，也是網路媒體信息管道之一。博客以其真實性與交互性成爲越來越多的網民獲取信息的主要方式之一。博客的巨大影響力，也使越來越多的企業意識到博客的重要性，逐漸參與到博客行銷的熱潮中來，通過博客來樹立企業在網民心目中的形象。

從某種意義上說，中國的博客行銷是站在「巨人」肩膀上進行的行銷。因爲博客一般都是建在新浪、搜狐、騰訊等大型門戶網站的平臺上或博客網、中國博客網等專業的博客平臺上。首先，這些平臺本身就增加了網民對企業博客的信賴感。其次，一旦企業博客的內容被推薦到網站首頁或博客頻道的首頁，企業就會被更多的網民所關注。

博客作爲一種新的行銷平臺，其核心是互動、身份識別和精準。與傳統意義上「廣泛傳播」相區別的是，博客強調的是「小眾傳播」。因此，基於博客平臺的博客行銷與其他網路行銷方式相比，具有其鮮明的特點。

⑴博客行銷的針對性強

每個博客都有其特定的目標受眾，不同的目標受眾，其關注點是不一樣的。企業可以根據其產品特性，找準契合人群，實現精準行銷。

⑵博客行銷的性價比高

企業從建博客到利用博客進行行銷，不僅投入相對較少，往往也可以達到比較好的行銷效果。因爲每個博客既是信息的發佈者，同時也是信息的接受者，通過博主與來訪者的信息交互，再借助博客圈的力量，可以聚焦所傳遞的信息，引導網路輿論潮流，使傳播效應達到最大化。

⑶博客行銷更能夠抓住目標群體的「眼球」

博客表現形式多樣，與單一的軟文傳播相比，博客可讀、可視、可聽，在內容寫作上，博客也更加靈活，因此目標群體更願意去「讀」博客，也容易接受博客上所傳遞的信息。

開博不再是一種時髦，而是一種需要。Internet 的迅猛發展改變了企業的運行規則，越來越多的企業拿起了博客行銷的利器。企業爲什麼會青睞博客行銷，博客行銷又能給企業帶來那些好處呢？

⑴博客可以使企業以較低的成本與客戶進行雙向溝通

企業可以在博客上提出一些問題或發佈一些信息，讀者可以就此發表評論，通過評論可以瞭解客戶對企業行爲的看法，企業也可以回覆客戶的評論。企業還可以直接在博客文章中設置在線調查表的鏈結，便於有興趣的客戶參與調查。一方面，可以擴大調查群體的規模；另一方面，可以避免傳統調研方式給客戶造成的不便，提高客戶參與調研的積極性，以及調研信息的有效性。通過雙向互動式的溝通和交流，有效地向現實客戶和潛在客戶傳遞信息，打造優質的客戶體驗，培養客戶對品牌的忠誠度。

⑵相對比較嚴肅的企業簡介、企業新聞和產品信息而言，博客更容易受到目標群體的歡迎和接受

博客作爲一個信息發佈和傳遞的工具，它在文章內容題材和發佈方式上，非常靈活；信息量也非常大，音頻、視頻、圖片、文字相結合的方式，更容易吸引目標群體的眼光。在潛移默化的信息傳遞中，企業品牌的知名度和美譽度得到了大大的提升。

⑶博客能夠直接給企業帶來潛在的客戶

博客內容一般發佈在擁有大量用戶群體的博客託管網站上，如大型門戶網站。好的企業博客能夠吸引大量潛在客戶流覽，從而達到向潛在客戶傳遞行銷信息的目的，這是博客行銷最直觀的價值表現。

⑷企業可以利用博客增加被搜索引擎收錄的網頁數量，降低網站推廣費用

博客網站是增加企業網站鏈結的一條有效途徑，當企業網站的訪問量較低時，往往很難找到有價值的網站做鏈結。在博客網站發佈文章不僅可以為企業網站做鏈結，還可以通過 RSS(閱讀器)將企業網站的內容提供給其他網站，增加了網站鏈結的主動性和靈活性，這樣不僅能夠直接帶來新的訪問量，也增加了網站在搜索引擎排名中的優勢。這種鏈結還有一個好處，就是可以單方面被博客網站鏈結，而不需要在企業網站上鏈結很多博客網站。

⑸ **企業可以利用博客進行危機公關**

針對不利的負面報導，企業可以通過博客及時發佈信息予以澄清，消除影響，將危機消除在「萌芽」之中。即便真的出現「危機」，企業可以借助博客這個平臺，保持與目標群體良好的信息交互，表達企業的態度，公佈相關的危機處理措施，取得目標群體的理解和支援，從而化「危」為「機」。

心得欄

第六節 企業善用博客行銷

博客行銷的諸多好處吸引了眾多的企業，不少企業也躍躍欲試，但是，如何把企業搬到博客上，如何有效地實施博客行銷呢？這是不少企業主心中的困惑。博客行銷，博客是「基礎」，行銷是其「本質」——只有「好」的博客，才能實現「行銷」的功能。

在具體實施時，企業有兩種方式可以選擇：一種是利用有一定知名度網友的博客，傳遞企業的信息，當然博客寫手的知名度越高，企業需要支付的費用也就越高；另一種則是企業自己建博客，然後在博客上傳遞企業的行銷信息。

就後一種方式來說，博客行銷主要有兩方面工作：一是建立博客，二是推廣博客，核心則是推廣博客。

1. 建立博客

⑴ 博客平臺選擇

選擇高關注度的門戶網站，博客就有更多的被點擊和關注的機會。

⑵ 博客取名

在給博客取名時，一定要突出所在行業的關鍵詞，同時兼顧目標群體的搜索習慣，並儘量增加關鍵詞的密度，以便獲取更多被檢索的機會。一般情況下，儘量避免用×××的博客，因爲這樣的博客從名稱上來說幾乎沒有什麼特色，既不便於被搜索引擎收錄，也難以被目標群體所關注。當然，名人的博客另當別論。如以「基金理財」爲主要內容的博客，可以取名爲「基金理財投資財富黃金」等等。企業在選取關鍵詞時，一定要把握好關鍵詞需求與關鍵詞競爭的平衡點，儘量不要把焦點放在最流行的關鍵詞上。有時選擇一些次關鍵詞，反而可以使博客獲得一個比較好的排名。因爲最流行的關鍵詞往往存在很多競爭對手，而次關鍵字反之。比如「兒童發燒」與「小兒發燒」相比，「兒童發燒」的關鍵詞熱度要大大高於「小兒發燒」。此時，企業若避開「兒童發燒」這個熱度關鍵詞，選用「小兒發燒」這個次關鍵詞，有可能使企業博客頁面處於搜索頁面首頁或比較靠前的位置，這樣就大大增加了企業博客被流覽的幾率。

⑶ **博文寫作**

博文的好壞直接關係到博客的品質和「行銷」價值。在撰寫博文時，切入點很重要，要從目標群體感興趣的地方或社會熱點切入，切忌把企業的產品介紹直接羅列進去，讓人感到索然無味。對於企業來說，其高層管理者的做人之道、人生經歷、成功經驗等就是一個比較好的切入點。另一方面，技術難點、熱點問題以及企業爲產品提供售後技術支援和服務等也是目標群體比較感興趣的。

在文章標題的選取上，要注意兩點：一是儘量迎合當前社會熱點；二是要針對目標群體關心的熱點問題。以基金理財爲例，當股市底部漸現時，是買新基金抄底，還是買打折基金抄底呢？這就是熱點問題。如果此時在博客上拋出一篇「新基金與打折老基金之間，那種抄底更合算」的文章，自然會引起目標群體的廣泛關注。此外，對於博文來說，更爲重要的一點是，文章要盡可能原創，因爲只有原創的文章，才能更容易被搜索引擎收錄，或被網站管理員推薦。

2. 推廣博客

博客的人氣是博客行銷的基礎，只有積聚足夠多的人氣，博客才有行銷價值。而要積聚足夠多的人氣，除了不斷更新博文「黏住」目標群體外，一個重要的工作就是把博客推廣出去。那麼，如何推廣博客呢？

⑴建立相關行業的圈子，發出邀請，邀請眾多的朋友加入該圈，聚集圈內人氣。

⑵與流量大的博客互相加爲好友，增加被點擊和流覽的機會。

⑶廣加相關行業的博客圈，特別是人氣比較旺的博客圈，這樣審核通過後，圈主就會對優秀文章進行「加精」，一旦被「加精」了，點擊率就高了。

⑷多發佈原創或熱點文章，讓博客得到推薦。一旦被推薦到門戶網站的頻道首頁或博客首頁，就能夠直接帶來

很大的流量。此外，搜索引擎是內容爲王，原創的內容在搜索引擎中會有比較好的排名。

(5)在其他博客的熱點文章後，以發表評論的方式進行推廣。

(6)利用博客的內部鏈結，爲重要的關鍵詞頁面建立眾多反向鏈結。反向鏈結指的是網頁和網頁之間的鏈結，不是網站和網站之間的。網站內部頁面之間的相互鏈結，對網站排名也是有幫助的。

(7)通過軟文來推廣博客。如果是幼稚教育類的博客，可以把博主寫的博文發佈到一些幼教、育兒、媽媽類網站，這樣做的好處就是能夠帶來大量的讀者，在別人轉載的同時會有大量的外部鏈結。

以「基金理財」博客爲例，做一簡要說明。

上述博客截圖中標註的說明如表 8-1 所示。

表 8-1　基金理財博客頁面標註說明

標註	名稱	說明
1. 基金理財　投資　財富　黃金	博客名	在給博客取名時，要突出所在行業的關鍵詞，同時兼顧目標受眾的搜索習慣，並儘量增加關鍵詞的密度，以便獲取更多被檢索的機會。從博客名可以看出，已基本覆蓋理財方面的關鍵詞，且關鍵詞密度比較高
2. 新基金與打折老基金之間，那種抄底更合算	博文標題	在文章標題的選取上，要注意兩點：一是儘量迎合當前社會熱點，二是要針對目標群體關心的熱點問題。標題針對「基金抄底」這個用戶最爲關心的熱點問題

續表

3. 閱讀(14323)	博文流覽量	表示有 14323 人次流覽了這篇博文，博文的流覽量越大，相應博客的人氣也就越高
4. 文章評論	訪客對該博文的意見或看法	在熱門博文後發表評論，是推廣博客的一個比較好的方式
5. 我建立的圈子	博主建立的圈子	邀請衆多的朋友加入圈子，可以使博文在圈子內進一步傳播，這樣可以提高博客人氣
6. 訪客	近期有那些人訪問了該博客	多去別的博客串串門，也可以提高自己博客訪問量，因爲系統會自動記錄訪客大名，出於禮貌，大多數博主會進行回訪，這樣一來二往，去的博客多了，回訪的博主也就多了
7. 好友	博主的好友	與流量大的博客互相加爲好友，可以增加博客被點擊和流覽的機會
8. 212329	博客訪問量	即博客的點擊次數，一般訪問量越大，博客的人氣就越高，其影響力也就越大
9. 黃金 財經 財富人生 投資證券/理財八卦傳聞 基金	博文標籤	標籤最顯著的作用：一是傳統意義上分類的作用，類似分類名稱；二是對文章內容進行一定程度的描述，類似於關鍵詞。添加標籤後，可以看到博客上使用了相同標籤的日誌，由此和其他用戶產生了更多的聯繫和溝通，增加了博客被訪問的機會

第七節　結緣博友共賞美酒

2007 年，中國糧液集團全資子公司──五糧液葡萄酒有限責任公司宣佈，與跨平臺博客傳播網路 BOLAA 網攜手合作。通過該平臺，在紅酒愛好者中組織一次「結緣博友，共賞美酒──五糧液國邑乾紅浪漫體驗」活動，旨在利用 Internet 新媒體對其紅酒新產品進行大規模市場推廣，這是傳統名牌酒類企業利用 Internet 管道進行的一次重要行銷突破。

活動開展後，短短幾天內報名參加體驗活動的人數就突破了 6000 人，最終五糧液葡萄酒公司在報名的博主中挑選了來自中國各地的 500 名知名的紅酒愛好者參加了此次活動，分別寄送了其新產品國邑乾紅供博友品嘗。博友們體驗新產品後，紛紛在其博客上發表了對五糧液國邑乾紅的口味感受和評價。在博客圈內迅速引發了一股關於五糧液國邑乾紅的評價熱潮，得到了業界的普遍關注。

推出紅酒新品，是五糧液挺進酒業「藍海」的一個重要舉措。在中國的白酒市場，五糧液所面臨的是一片「紅海」──國酒茅臺的地位難以撼動，水井坊、瀘州老窖、山西汾酒再加上地方品牌酒等增長強勁，白酒市場處於激烈搏殺的「紅海」中。五糧液在繼續做強做大白酒的同時，挺進「藍海」是必然之舉。從白酒到紅酒，五糧液的「跨越」距離僅有一步之遙。五糧液如何挾白酒品牌之優勢，成功地向紅酒品牌延伸呢？五糧液選擇了博客行銷，開創了酒業行銷的新管道，取得了顯著效果。

⑴品牌的知名度和美譽度大幅度提升

與傳統的口碑傳播相比，基於 Internet 的口碑傳播，在傳播速度和傳播範圍上已發生了質的飛躍，其廣告效果是幾何級數的增長。更爲重要的是，博客人群的消費特性與紅酒產品的受眾定位非常吻合。通過讓博友真實品嘗國邑乾紅葡萄酒，不僅能在第一時間內獲得用戶體驗的第一手資料，而且通過博友體驗進行的口碑傳播，更能使紅酒品牌得到廣泛的傳播。

⑵成功地挺進「藍海」

以受眾精準和高信任度爲特點的博客行銷，在提升企業品牌的同時，更容易激發消費者的購買慾望，培育忠實用戶群。一些博友表示，五糧液國邑乾紅公司敢於將其新品交給博友體驗，一方面體現了大品牌的大氣，另一方面也表現了廠家對自己產品的自信，五糧液新產品確實口感不錯，以後他們自己也會去購買五糧液國邑乾紅。另外，從此次主題活動和產品本身所具備的文化韻味來說，也比較容易讓人產生共鳴。

第八節　網路促成大生意

《瘋狂的石頭》是一部現代喜劇，故事由一塊在廁所裏發現的價值不菲的翡翠而起。

某瀕臨倒閉的技術品廠在推翻舊廠房時，發現了一塊價值連城的翡翠。爲改變工廠幾個月發不出工資的局面，廠裏特意舉辦了一個展覽，希望能賣出天價。不料，國際大盜麥克與本地以道哥爲首的小偷三人幫都盯上了翡翠，通過各自不同的「專業技能」，一步一步地向翡翠逼近。他們在相互拆臺的同時，又要共同面對技術品廠保衛科長包世宏這一最大的障礙。在經過一系列明爭暗鬥的較量，及真假翡翠的交換之後，兩撥賊被徹底地黑色幽默了一把。

《瘋狂的石頭》製作成本僅 300 萬元，行銷費用也非常少，卻贏得了衆人的關注。「200 萬的生意被你做成了 1000 萬！」上映 17 天，該影片的總票房就突破千萬，首批 30 萬套 DVD 也全部脫銷。瘋狂的票房走勢帶動「石頭」的身價持續上漲，網路播映權、電視臺播映權都賣出了國產小成本影片的天價。

據相關調查數據顯示，50%的觀衆走進電影院看《瘋狂的石頭》足因爲親友、同事的推薦，30%則出於「石頭」在網上的超強人氣。「石頭」的瘋狂也再次彰顯了網路口碑傳播的強大威力。優秀的影片內容，再加上口口相傳的傳播方式——博客、BBS 等，爲「石頭」贏得了高票房。

案例分析：

縱觀《瘋狂的石頭》行銷宣傳，不難發現，製片方沒有選擇燒錢式的、狂轟濫炸的廣告攻勢，而是選擇了口口相傳的口碑行銷，取得了顯著的效果。

對其他企業的啓示：

⑴**公映之前，「石頭」就在製造口碑上下足了功夫**

通過電影節上的宣傳活動和影評人放映專場，先行在影評人和媒體中進行了預熱，緊接著又推出了五城市的免費放映，最直接地創造了口碑，提高了影片人氣。在影片正式公映之前兩週，就已經持續不斷地傳出了好評。

⑵**在傳播管道上，「石頭」選擇了博客、BBS 等形式**

博客、BBS 等管道正是目標群體獲取電影信息的重要途徑。公映之前首先吸引了這部份人，「一傳十，十傳百」，呈幾何級數地傳遞「石頭」信息。當時有關《瘋狂的石頭》博客信息，僅從 Google 搜索，就有 129 萬條之多。此外，還在首頁做了一期《瘋狂的石頭》的熱點話題，一天的訪問量就達 122 萬之多。博客的「瘋狂」傳播，讓「石頭」也「瘋狂」。

案例：丟失奧迪跑車，牽動數十萬美國人的心

2005 年，在美國紐約舉辦的車展上，當其他品牌車展臺上的香車美女爭奇鬥豔時，奧迪 A3 跑車的展臺上卻是空的，取而代之的是 3 個告示牌。在好奇心的驅動下，人們都去觀看告示的內容，上面寫著「注意：如果你有有關丟失的奧迪 A3 跑車的任何線索，請即致電 1-866-657-3268。」這是一個語音信箱號碼，打進電話者將被要求提供丟失的奧迪 A3 跑車的信息。

隨後，關於奧迪 A3 跑車的信息和圖片在企業博客上發佈。一時間，「丟車」成了博客的熱門話題，並在 Internet 上迅速蔓延，動員起了數十萬美國人尋找丟失的跑車。由此，這款新車被炒得沸沸揚揚，婦孺皆知。儘管在車展上奧迪 A3 沒有露面，但其形象卻借博客之勢深入人心。奧迪就這樣不費吹灰之力達到了目的——新車的知名度迅速建立起來。

奧迪 A3 跑車顯著的行銷效果，就在於行銷作法的創新，對其他企業來說，也有借鑑意義。

⑴實施差異化行銷，提高新品 A3 的關注度

對於新品 A3 的推出，奧迪沒有沿用「香車＋美女」的老套路，而是換了一種截然不同的行銷方式，這一換確

實是標新立異，吊足了觀展人員的胃口。當人們看膩了「香車＋美女」的行銷模式時，奧迪 A3 充滿戲劇性的遊戲設計，自然讓人們眼前一亮，好奇之心頓起。由好奇產生關注，再由關注到進一步瞭解，奧迪 A3 一步一步地走入了目標群體的心中。在眾多的參展品牌車中，人們也因此記住了奧迪 A3。

對於產品的直接行銷，消費者天然存在一種「警戒」心理，在購買時一般會反覆思考、左右權衡，有時甚至會產生強烈的抵觸情緒。而一旦商家的行銷思想被消費者接受，消費者的「警戒」心理就會全失，被商家牽著「跑」，消費者也由以前的「要我關注」變為「我要關注」，行銷效果自然也就不一樣了。

⑵博客行銷及時跟進，充分展示 A3 跑車

車展上奧迪 A3 戲劇性的開場賺足了觀展人員的眼球，但如果沒有後續網路傳播的及時跟進，那效果就要大打折扣了。車展後，奧迪在企業博客上發佈了大量奧迪 A3 跑車的信息和圖片，將事件逐步推向高潮，甚至有博友號召百萬美國人去尋找丟失的奧迪 A3 跑車。而選擇博客作為行銷的載體，也使得更多的目標群體瞭解到了奧迪 A3 跑車的性能。

因為博客的核心是身份識別和精準，與傳統意義上「廣泛傳播」不同，它強調的是「小眾傳播」，因此登錄奧迪企業博客的流覽者可以說是奧迪的目標客戶。先吸引目

標群體的關注，再借助口碑傳播，奧迪新車的知名度就迅速地建立起來，最終達到了影響目標群體購車選擇的目的。

心得欄

第9章

主動為你傳播的病毒式行銷

所謂「病毒式行銷」，是指類似於病毒一樣快速蔓延的低成本、高效率的行銷模式。也就是說，病毒式行銷並非是傳播病毒，而是利用用戶間的主動傳播，讓信息像病毒那樣擴散，從而達到推廣的目的。病毒式行銷以其特有的優勢贏得了眾多企業的青睞。但企業在實施病毒式行銷時，如何有效地將信息傳播與行銷目的結合起來呢？

第一節　病毒式行銷要素

當設計市場行銷時，病毒式行銷理念就相當主流，它並不是一個壞東西。病毒式行銷電子郵件，或者說病毒式行銷理念，是指某些東西在客戶面前深受歡迎，以至於客戶迅速地把它傳遞給其他人，就像病毒的傳播一樣。病毒式行銷也被稱作爲口碑行銷。

近幾年，電子郵件領域的病毒式行銷要素一直是一個火熱的話題。病毒式行銷電子郵件的支持者相信，將一封吸引人的郵件發送給一個積極支援公司的用戶，他就會把這封郵件轉寄給 5 個自己的朋友。在大多數情況下，爲了建立與廣大客戶的關係並最終達成銷售，這類核心用戶才是您的公司主要的影響力支柱。

病毒式行銷電子郵件的反對派認爲，特地製作病毒式行銷郵件是不必要的。即使不製作這類郵件，用戶也會自發地利用郵件用戶端的轉發按鈕來傳遞給親朋好友，因此不用特地製作這類郵件，自動就會達成病毒式行銷的效果。遺憾的是，作爲電子郵件市場行銷人員，目前的技術還不能使得電子郵件內容以外的要素被公司跟蹤記錄。

我們相信，如果運用正確的方法、重覆適當的次數，病毒式行銷要素可以獲得可喜的行銷成果。所以，病毒式行銷值得成爲電子郵件行銷領域的一種主要行銷策略。

下面是一些統計數字來支持的論點。

⑴根據管理學諮詢公司的研究報告，在美國大約 2/3 的經濟活動受到其他人對該產品意見的影響。

⑵一半以上的 B2B 客戶在研究 IT 行業解決方案時，都會認爲他人的意見是影響決策的最重要因素，而且 40%的人會求助於網上的信息或網上論壇。

⑶購買電腦時，消費者一般會徵尋對自己擁有影響力的人的意見(佔到總體 34%的比例，而只有 16%的人不去諮詢)。

⑷一半以上的網路行銷人員參與某種病毒式行銷活動。事實上，世界 500 強企業的市場銷售人員表示，病毒式行銷策略使得他們可以將銷售延伸到那些利用正常途徑無法接觸的人群。

一、兩種衡量病毒式行銷效果的方法

當您設計電子郵件行銷策略時，您一定希望能夠尋找有效的途徑證明自己努力的效果。有了病毒式行銷策略，您可以取得兩種不同類型的成功。目前尙沒有一個統一的方法來衡量病毒式行銷的效果，您需要利用所獲得的數量和品質這兩重標準來衡量病毒式行銷效果。您可以通過分析點擊率以及客戶與服務器交互的數據來獲取行銷數量；

您可以利用分析論壇人氣的方法來衡量行銷品質。

1. 數量分析

⑴監控所有客戶與服務器交互的數據，比如電子郵件、視頻以及其他的病毒式行銷內容。

⑵記錄客戶與服務器交互數據的速率、點擊率、打開網頁的速率、註冊量以及下載量。

⑶對於已經註冊的用戶，記錄他們與公司每一部份產品服務內容的關注度。這個數據可以被匯總到中央數據庫儲存，以便之後能夠對用戶進行分類，制定企業未來規劃。

2. 品質分析

⑴不僅僅局限於電子郵件，您還可以採用多種途徑來進行病毒式行銷，如：建立博客、聊天室、貼吧、電子郵件列表和新聞組一類的論壇社區平臺，來獲取有價值的客戶信息。這些信息包括用戶對品牌和他們所選購商品及服務的心得、體驗、評論等。不管是正面的還是負面的評論，都是很有價值的資料。

⑵通過分析這些數據，估算出產品或行銷計劃的平均人氣高低，作為用來衡量病毒式行銷策略成功與否的指數。

二、利用病毒式行銷策略創造人氣的最好實例

當您希望制定一個卓有成效的電子郵件行銷計劃時，一定要時刻問問自己，您的行銷戰略是為了提高公司盈利

和產品的銷售量，還是爲了召集一批中堅客戶、提高註冊人數？一旦您確定了最終目標，您就準備好了利用病毒式行銷策略並整合其他一切目前所學到的電子郵件行銷策略，並不一定需要使用獨立的郵件進行病毒式行銷。很多成功的電子郵件行銷人員發現最成功的病毒式行銷，是在一封包含諸多行銷策略的郵件中，將病毒式行銷要素作爲其中一個很小的要素加入。比如，對於一封事務性郵件來說，可以這麼寫:「感謝您剛才的購買，如果您能將本網站推薦給 5 位好友，您下一次訂購的郵費將全免。」

對於開發有效的病毒式行銷策略，我們提出建議：

1. 去掉自己用慣的充滿市場行銷味道的腔調

用消費者的語言說話。如果文字中充滿商業用意的字眼會立刻引起消費者的反感。想一想您怎麼和朋友或者家人溝通，而不要將消費者想像成行銷的對象。相比於有話直說的對話方式而言，誠實地溝通更爲重要。一定要正直，否則只會導致用戶的不信任，對品牌造成潛在損害。

2. 找到控制輿論導向的人，和他們交朋友

在任何領域都有一些資深用戶，他們的知識和見解可以影響大眾。這類人有很大的影響力，可以快速地向客戶們傳播您的理念。找到這些人，然後向他們提供您的產品和服務的相關信息。

3. 讓信息的傳播更為容易

盡最大的努力讓信息的傳播更爲容易，利用電子郵件、短信、向朋友轉發的功能按鈕、文本框、事件處理等所有您能想到的工具來消除溝通的障礙。

4.一開始就要從宏觀的戰略角度上著眼問題

不要一開始就從局部的戰術性問題上著手，這是一種錯誤。例如一上來把目標訂成「我們要開展病毒式行銷戰役」或「我們需要製作什麼樣的視頻才能受到歡迎」。不要一開始就專注於市場行銷的目標，應該著眼於設計更大的針對客戶的宏觀行銷戰略體系。最好的主意往往也是最簡單的，是將與客戶相關的所有計謀整合起來的完整的系統工程。

5.與您的整體行銷策略相聯繫

當病毒式行銷策略單獨作用時，效果就很好；如果再綜合上其他的行銷策略，病毒式行銷的效果更是會大幅提高。

6.建立一個雙向的信息管道

由於病毒式行銷目前還是行銷領域的一個新領地，不要忘記去傾聽消費者的意見。也就是說，您不僅要負責發送信息，還需要負責傾聽並正確處理大量消費者對信息的回饋。

7.記錄一切：好的、不好的、出現問題的方面

在任何情況下，消費者都能告訴您他們是怎麼想的。事實上，這是許多市場行銷人員一開始不適應病毒式行銷的一個主要原因。所有環節都必須嚴格監控，不但要記錄行銷計劃的效果，而且要建立一個有效的雙向交流管道來解決存在的問題。從特殊的點擊到論壇的討論。有效的記錄措施可以反映您的行銷計劃效果如何，同時可以證明它對公司的影響有多深遠。

第二節　從火炬在線傳遞看病毒式行銷

利用他人的資源，呈幾何倍數地繁殖，這正是病毒式行銷的特點。

病毒式行銷就其本質來說，是在爲用戶提供有價值的免費服務的同時，附加上一定的推廣信息，常用的推廣工具包括電子書、視頻、Flash 短片、皮膚、桌面壁紙、屏保、賀卡、郵箱、軟體、即時聊天工具等，即爲用戶獲取信息，使用網路服務、娛樂等帶來方便的工具和內容。病毒式行銷的關鍵在於創意，傳播的內容，或者有趣味性，或者對用戶有價值，或者迎合了社會熱點，只有能打動用戶的「心」，用戶才會主動去傳播。

病毒式行銷的核心，主要體現在以下兩方面。

⑴「病毒」必須有吸引力

不管「病毒」最終以何種形式出現，它都必須具備基本的感染基因。也就是說，商家提供的產品或服務對於用戶來說，必須有價值或富有趣味，讓用戶失去了「免疫力」，這樣用戶才會有點擊的慾望，才會主動去傳播。如免費的E-mail 服務、免費電子書、具有強大功能的免費軟體等。

⑵「病毒」必須易於傳播

要使「病毒」迅速地從小範圍向很大規模擴散，呈幾何級數地繁殖，「病毒」還必須易於傳遞和複製。除了「病毒」本身外，在傳播方式上，要設計成舉手之勞就可以實現的，比如使用即時通信工具 MSN 等，或者發短信、發郵件等動一下手就能輕易實現的。總之，以易於傳播爲原則，否則，目標受眾就會喪失主動傳播的熱情，最終導致傳播效應減弱、傳播鏈中斷。從此次火炬在線傳遞來看，無論是活動參與者接受好友邀請，還是邀請另一好友參加，只要輕輕點擊滑鼠、鍵盤，就輕鬆地實現了信息的傳遞。

病毒式行銷利用的是他人的資源，其精髓在於找到一個能眾口相傳的「理由」，而基於 Internet 的這種口碑傳播更爲方便，可以像病毒一樣迅速蔓延。如今，病毒式行銷已經成爲一種高效的信息傳播方式，由於這種傳播是用戶之間自發進行的，幾乎不需要傳播費用，因此病毒式行銷正爲越來越多的商家所青睞。

第三節　病毒式行銷與傳統行銷

傳統行銷是基於報紙、電視、廣播等傳統管道所進行的行銷。基於 Internet 的病毒式行銷由於傳播介質不同以及病毒式行銷本身所具備的特點，因而其與傳統行銷相比，在行銷理念、傳播方式、行銷範圍、行銷成本、傳播效果等方面存在著明顯的差異性。病毒式行銷與傳統行銷的比較如表 9-1 所示。

表 9-1　病毒式行銷與傳統行銷的比較

衡量標準	病毒式行銷	傳統行銷
行銷理念	以允許爲基礎的推銷方式，像病毒一樣在不知不覺中讓受眾主動接受並對它產生好感	以打擾爲基礎的推銷方式，不管受眾是否感興趣，都要被動接受，有時會產生抵觸心理
傳播方式	自發的、擴張性的信息推廣，如目標受眾讀到一則有趣的信息，他的第一反應或許就是將這則信息轉發給好友、同事，無數個參與的「轉發大軍」構成了幾何級數傳播的主力	「一點對多點」的輻射狀傳播，無法確定廣告信息是否真正到達目標受眾
行銷範圍	覆蓋區域廣，不受時空限制	有時間、空間限制

續表

行銷成本	比較低廉。除了製作「病毒」的成本外，有時不花一分錢宣傳費，就能傳播數百萬人	相對較高，尤其是電視媒體費用昂貴
傳播效果	「病毒」一般是受眾從熟悉的人那裏獲得或是主動搜索而來的，在接受過程中自然會有積極的心態。接收管道一般來說也比較私人化，使病毒式行銷克服了信息傳播中的干擾影響，增強了傳播的效果	信息干擾強烈、接收環境複雜、受眾有戒備抵觸心理等。以電視廣告爲例，同一時段的電視有各種各樣的廣告同時投放，其中不乏同類產品「撞車」現象，大大降低了廣告的到達率

心得欄 --

第四節　病毒式行銷的 3W 策略

病毒式行銷正為越來越多的企業所採用，但要成功地實施病毒式行銷，顯然不是一件容易事，必須精心籌劃。企業在成功實施病毒式行銷時，需要把握好「3W」策略。

1.創建有感染力的「病原體」(What)

「病原體」的重要性是顯而易見的，對於「病原體」來說，只有「感染性」強，才會吸引受眾關注，才會引起受眾心靈上的「共鳴」，進而通過心靈的「溝通」感染受眾，然後不斷蔓延開來。

在 Internet 中這種「病原體」是很常見的，如流氓兔、「饅頭血案」、免費的應用軟體、迎合受眾口味的免費電子書等。

用 Flash 創建一個非常有趣的遊戲或者經典動畫，創建的遊戲和動畫就是一個超級的「病原體」。當受眾看到或收到有趣的圖片或很酷的 Flash 遊戲附件時，通常會把它發給朋友，而朋友們也會順便發給其他朋友。一傳十，十傳百，這種滾雪球效果可以輕鬆創建起一個巨大的行銷網路，在幾小時之內，就能到達成百上千的受眾那裏。企業在創建「病原體」時，必須要考慮的問題是，如何將信息傳播與行銷目的有效地結合起來？如果僅僅是為用戶帶來了娛樂價值或者實用功能、優惠服務，而沒有達到行銷的目的，那麼這樣的病毒式行銷對企業來說，價值就不大；而如果廣告氣息太重，可能會引起用戶反感而影響信息的傳播，因此企業在實施病毒式行銷時，必須巧妙地將行銷信息揉入「病毒」中，而不能太直白，讓受眾一眼就看出。

2. 找到易感染人群（Who）

在「病原體」創建完之後，病毒式行銷的關鍵就是找到易感染人群，也就是早期的接受者，他們是最有可能的產品或服務使用者。他們主動傳遞信息，影響更多的人群，然後營造出一個目標消費群體。在傳播過程中，普通受眾在這些易感染人群的帶動下，逐漸接受某一商品或服務。

3. 選準「病毒」的初始傳播管道（Where）

病毒式行銷信息當然不會像「病毒」那樣自動去傳播，需要借助於一定的外部資源和現有的通信環境來進行。因此，企業在選擇「病毒」的初始傳播管道時，要考慮到易感染人群的關注重點和社會熱點。

一般來說，病毒式行銷的原始信息先在易於傳播的小範圍內進行發佈和推廣，然後再利用公眾的積極參與行為，讓「病毒」大規模擴散。如網路電影就是一個很典型的例子。2005 年是視頻娛樂爆炸式發展的一年，視頻網站成為社會關注的熱點。傳播先從一些員工發送電子郵件給朋友和一些視頻網站掛出鏈結開始，「病毒」迅速地蔓延，僅 3 個月時間就有近 2000 萬人觀看並傳播了此片。

案例：讓「唐伯虎」電影更深入人心

在第 12 屆中國廣告節上，百度的網路小電影「唐伯虎篇」榮獲 2005 年度中國廣告創意最高榮譽的全場大獎和品牌建設十大案例獎。

這部網路小電影，沒有花費一分錢廣告費和公關費，只是由網路傳播，從 2005 年 9 月至 12 月，僅 3 個月時間就有近 2000 萬人觀看並傳播了此片(還不包括郵件及 QQ、MSN 的傳播)，百度的中文搜索優勢也得以廣為人知。

這是一部古裝喜劇，它是在一種周星馳式的風格中展開的，將「百度更懂中文」闡釋得淋漓盡致。面對城牆上的一張懸賞文字告示，一個老外自以為知道，隨後風流才子唐伯虎出現，通過「知道」「不知道」的幾度分詞斷句，吸引了老外的眾多女粉絲和親密女友……最後眾人齊聲歡呼：「百度更懂中文」，借此說明百度對中文有更深的理解力，以及擁有獨到的中文分詞技術等。

在片子獲得巨大成功後，百度公司又推出了「孟姜女篇」。「孟姜女篇」走的是古裝幽默小品路線，旁白用四川話，主角是一個神叨叨的導演和一個滿臉無辜的孟姜女，在肆無忌憚、滔滔滿天的淚水中用四川話喊出「這個流量硬是大得很啊」，訴求百度的中文流量第一。「唐伯虎篇」、

「孟姜女篇」再加上百度上市前的宣傳片「刀客篇」，分別對應「中文」、「第一」、「搜索」3 個關鍵詞，從而將百度是中文第一搜索引擎的概念完整地表現出來，為百度的品牌價值提供了豐富的用戶體驗。

相關調查說明，有超過七成的搜索引擎用戶認可了「百度更懂中文」這一品牌形象。

就「唐伯虎篇」來說，可以看出這部影片的策略是非常明確的，即為百度樹立了與競爭對手的品牌差異化定位——「百度更懂中文」，使其品牌更深入人心。縱觀此次病毒行銷，百度無疑是成功的。

⑴找到最核心的易感人群，把種子呈幾何級數地傳播開來

百度通過聯合中國人搜索行為研究中心對網民搜索習慣的研究發現，2005 年是視頻娛樂形式爆炸式發展的時期，這樣病毒行銷易感人群就被確定了。

⑵「病毒」形式新穎，迎合網民的口味

不管「病毒」最終以何種形式來表現，都必須具備基本的感染基因。百度的 3 個短篇由中國武俠風格和周星馳風格的諸多元素構建，詼諧之餘令人回味，充分符合了病毒傳播的第一定律「傳播對用戶有價值的東西」，迎合了諸多網民的口味。百度以 3 個短片區區 10 萬元的拍攝費用，竟達到了近億元的傳播效果，其獲益無疑是巨大的，堪稱病毒式行銷的奇蹟。

第五節　吃垮必勝客，越吃越旺

一則「吃垮必勝客」的信息曾在網路上火肆流傳，並通過網友間的傳遞，一傳十，十傳百，引發了一股「吃垮必勝客」的旋風。

在這則信息裏，主要介紹了盛取自助沙拉的好辦法。如何巧妙地利用胡蘿蔔條、黃瓜片和鳳梨塊搭建更寬的碗邊，如何一次盛到 7 盤沙拉。爲了體現信息的真實性，文字旁還配有照片。

顯而易見，這是典型的「病毒式行銷」。目標群體看到信息後，好奇心頓起，不僅會主動將信息傳遞給親朋好友，還會親自嘗試一下。這則看似保護消費者利益，打擊必勝客的信息，實際上蘊涵著巧妙的行銷技巧。正是這則信息，引發了眾多的目標群體去必勝客店裏親身體驗。當然，必勝客並沒有被吃垮，反而越吃越旺。

病毒式行銷使必勝客連鎖店獲益多多。

⑴**提高了必勝客的曝光率**

「吃垮必勝客」的信息像病毒一樣迅速蔓延，從而讓更多的人知道了必勝客。

⑵**吸引了眾多目標群體去必勝客體驗自助沙拉的技巧**

這則完全站在消費者角度，幫助消費者贏得更多利益的信息，讓眾多的目標群體失去了「免疫力」。他們不僅主動傳播信息，還會親自去體驗「吃垮必勝客」。

⑶讓消費者找到「吃」的樂趣，提升必勝客品牌的美譽度

其實，吃什麼或吃多少有時並不重要，更重要的是吃的過程。很多高手堆沙拉並非是因爲「食量大」，而是以「建塔」爲樂。消費者從堆沙拉中體會到必勝客的「歡樂」，無形中也提升了必勝客品牌的美譽度。

第六節　75 秒《蛻變》贏得關注

2006 年，日用品公司聯合利華旗下的「多芬」化妝品，公司推出了一部 75 秒的廣告片「蛻變」。在這部廣告片裏，沒有頂級美女，也沒有大投入大製作，但卻獲得了 5 億人觀看的效果。

廣告片中的女孩名叫斯蒂芬妮，她並非一名模特，相貌平平的她就和「鄰家女孩」一樣普通。影片一開頭，斯蒂芬妮臉上沒有任何化妝，穿著一件普通的襯衫坐在攝影棚中，臉上還可以見到一些明顯的小斑點。接下來，一組專業的化妝師和美髮師開始爲她進行美容。化妝完成後，斯蒂芬妮已經「煥然一新」，幾乎讓人無法相信自己的眼睛。只見她臉色光潤、眼睛迷人、頭髮飛揚，就像職業模特一樣充滿了魅力，仿佛脫胎換骨一般，和幾小時前的那個「醜小鴨」不可同日而語！

接下來，專家通過電腦軟體對斯蒂芬妮的照片進行數字技術處理，讓她照片上的臉龐達到毫無瑕疵的完美狀態。先讓她的頭髮更加流暢和整潔；拉寬眼睛，抬升眉毛，讓嘴唇變得更加豐滿；臉頰、鼻子和額頭也都變得更窄，更符合大眾的審美標準。同時脖子也被數字化拉長，變成了「修長的玉頸」。

最後，這張照片簡直可以和任何明星、超模的照片相媲美。沒人會相信照片上的美女原來就是貌不驚人的「鄰家女孩」斯蒂芬妮。廣告片最後的標語寫道：「毫不奇怪，我們對美的理解已經被扭曲」，即向公眾傳遞了「自然美」的概念。

由於這個「揭密」視頻妙趣橫生、奪人眼球，該片通過網路管道傳播時，引發了消費者的強烈互動，他們自發傳播該短片，和朋友討論什麼是真的美。「多芬」品牌也因此得到了有效推廣，而且幾乎沒有花費任何媒體投放費用。

從此次病毒式行銷的效果來看，聯合利華旗下的「多芬」化妝品公司顯然是獲益匪淺。

⑴品牌的知名度大幅度提升

「蛻變」集娛樂性和真實性於一身，它直擊目標群體對美的困惑，對美的渴望，讓受眾在一笑之後，又能領悟到什麼是真的美，從而自發地傳遞「多芬」及其品牌。極富感染力的「病原體」吸引了 5 億網民的關注，大大提升了「多芬」品牌的知名度。

⑵提升了品牌的美譽度，增加了品牌的忠誠度

「多芬」沒有一味地宣傳自己的產品，而是告訴女孩子們自然美、真善美和內在美的重要，並教會她們如何發現自己的真正之美。正是這「肺腑之言」更具殺傷力，在給眾多女孩帶來自信的同時，也征服了女孩們的「心」，贏得了她們的好感，使她們自發地傳遞「多芬」品牌，使用「多芬」品牌。

⑶「多芬」品牌的理念得到進一步詮釋，品牌的影響力進一步放大

通過 Internet 的強大滲透力和寬廣覆蓋面，「多芬」所傳達的「真美理念」進一步發揚光大：什麼是真美，爲什麼有那麼多人覺得自己不美？那是因爲人們對美的理解已經扭曲？其實，每個平凡的人都會擁有最美麗的時刻，不要因爲看到他人的光鮮形象而感到妄自菲薄。受眾通過「多芬」認識到了什麼是真美，而對真美的認識，也使受眾進一步瞭解和接受了「多芬」。

第 10 章

直擊目標客戶的數據庫行銷

數據庫行銷（Database Marketing Service）作為一種市場行銷推廣手段，縮短了企業與顧客間的距離，有利於培養和識別顧客的忠誠度，與顧客建立長期關係，為開發關係行銷和「一對一」行銷創造了條件。

數據庫行銷不僅僅是一種行銷方法、工具、技術和平臺，更重要的是一種企業經營理念，它改變了企業的市場行銷模式與服務模式。

第一節　挖掘數據背後的財富

加州健身姚明運動館是一家定位高端商務消費者的私人健身中心，爲了迅速找到目標消費者，他們與專業的數據庫行銷機構合作，從高端商務人群數據庫當中，篩選符合條件的潛在客戶，並通過 DM(Direct Marketing)、EDM(E-mail Direct Marketing)等方式，將開館信息傳遞到潛在消費者手中。同時，在預售期間，通過路演的方式，在附近的高檔商務樓、購物中心，發放預售期的促銷活動傳單，吸引潛在用戶提前簽約。

前期很小的投入，取得了不錯的效果，在預售活動之前，發送 5 萬封 DM，送達率達到 90%以上。在活動現場接到大量的諮詢電話，在一週的預售期內，就實現成交簽單 60 多人。

這是一個典型的數據庫行銷案例。企業通過數據庫篩選出潛在的目標受眾，然後通過直接行銷的方式將信息傳遞給消費者。

1. 數據庫行銷的 4 種典型應用

數據庫行銷，是指通過收集和積累消費者的大量信息，並對這些信息進行處理，預測消費者有多大可能去購買某種產品，然後利用這些信息給產品精確定位，有針對性地製作行銷信息，以達到說服消費者購買產品的目的。

數據庫行銷大致有 4 種典型應用：分別是基於 Email 的 DM、基於 SMS(Short Messaging Service)的 DM、Telephone DM 與傳統的 DM。EDM 以電子郵件爲主，SDM 以手機短信息爲主，TDM 以電話爲主，傳統的 DM 一般是採取郵寄、定點派發、選擇性派送等多種方式。

2.網路數據庫行銷與傳統數據庫行銷

與傳統的數據庫行銷相比，網路數據庫行銷的獨特價值主要體現在 3 個方面：動態更新、顧客主動加入、改善企業與顧客關係。

⑴動態更新

在傳統的數據庫行銷中，無論是獲取新的顧客資料，還是對顧客反應的跟蹤都需要較長的時間，而且回饋率通常較低，收集到的回饋信息還需要繁瑣的人工錄入，因而數據庫的更新效率很低，更新週期較長，同時造成了過期、無效數據記錄比例較高，數據庫維護成本相應也比較高。

網路數據庫行銷具有數據量大、易於修改、能實現動態數據更新、便於遠端維護等多種優點，還可以實現顧客資料的自我更新。網路數據庫的動態更新功能不僅節約了大量的時間和資金，同時也更加精確地實現了行銷定位，有助於改善行銷效果。

⑵顧客主動加入

僅靠現有顧客資料的數據庫是不夠的，除了對現有資料不斷更新維護之外，還需要不斷挖掘潛在顧客的資料。這項工作也是數據庫行銷的重要內容。在沒有 Internet 的時候，尋找潛在顧客的信息一般比較難，要付出很大代價，比如利用有獎銷售或者免費使用等機會要求顧客填寫包含有用信息的表格，不僅需要投入大量資金和人力，而且受地理區域的限制，覆蓋的範圍非常有限。

在 Internet 時代，顧客數據的獲得要方便得多，有時是顧客自願加入網站的數據庫。據一項調查說明，爲了獲得個性化服務或有價值的信息，有超過 50%的顧客願意提供自己的部份個人信息。

請求顧客加入數據庫的通常做法是，在網站設置一些表格，顧客註冊爲會員時填寫相關信息。當然，顧客希望得到真正的價值，而不希望對個人利益造成損害。因此，企業需要從顧客的實際利益出發，合理地利用顧客的主動性來豐富和擴大顧客數據庫。必須指出的是，數據庫行銷要遵循自願加入、自由退出的原則。

⑶改善企業與顧客關係

顧客服務是一個企業能留住顧客的重要手段，在電子商務領域，顧客服務同樣是取得成功的重要因素。一個優秀的客戶數據庫是網路行銷取得成功的重要保證。在 Internet 上，顧客希望得到更多個性化的服務，比如顧客定制信息的接收方式和接收時間，顧客的興趣愛好、購物習慣等等都是網路數據庫的重要內容。根據顧客個人需求提供針對性的服務是網路數據庫行銷的基本職能，可以說，網路數據庫行銷是改善企業與顧客關係最有效的工具。

3. **數據庫行銷與傳統行銷**

傳統行銷效率的降低迫使企業尋找更加有效的行銷方式，激烈的市場競爭也讓企業意識到客戶關係管理的重要性，於是數據庫行銷應運而生。建立在數據庫基礎之上的數據庫行銷與傳統行銷有著明顯的差異性，如下表所示。

表 10-1　數據庫行銷與傳統行銷的比較

衡量標準	數據庫行銷	傳統行銷
行銷模式	互動式行銷，通過設計各種場景吸引受眾主動參與到整個推廣流程中	單向傳播行銷模式，受眾被動接受產品或品牌的廣告信息
傳遞管道	私人信件、郵箱、手機、電話、傳真機等	電視、報紙、雜誌、戶外廣告等大眾媒體
鎖定受眾	一對一傳達，精準面對每一位顧客，更可鎖定特定消費群體，滿足商家的特定需求	一對多傳達，面對大眾
傳遞內容	可傳達豐富的廣告信息，受時間和空間的制約較小	內容傳達的形式受時間、版面及成本的制約性強
回饋跟蹤	利用第三方平臺，提供公平、公正的跟蹤監測體系，即時回饋回饋信息，真實高效	通過第三方進行市場調研，得出的數據只能反映一個大體情況
客戶關係	通過可靠的回饋情況分析，瞭解受眾心理，建立客戶關係數據庫，可與受眾保持緊密聯繫，企業間競爭隱蔽，避免公開對抗	無法直接將每一條回饋信息都把握在手中，可控性較低

續表

成本費用	每一筆廣告費用都花費在潛在客戶群體上，避免資源的浪費，性價比高	面對大眾，一般價格比較昂貴，尤其是電視媒體價格更昂貴
可持續性	發展新的服務項目並促成購買過程簡便化，帶來重覆購買的可能。例如，定期發送活動信息，提供新產品資訊；把客戶去年的定貨單寄回給客戶，提醒他們訂購禮品的時候到了，他們可以保持原樣也可選擇一些新的產品	重覆操作性較低，過程仍然比較複雜

心得欄 ________________________________

第二節　讓行銷更精準

作爲市場行銷的一種推廣手段，數據庫行銷能夠幫助企業更好地理解顧客價值，精確地鎖定目標，在維繫顧客、提高銷售額中扮演著越來越重要的作用。

⑴幫助企業更加充分地瞭解客戶需要，迅速找到目標消費群體

市場是一個綜合體，是多層次、多元化的消費需求集合體，利用合理的投入最大限度地滿足客戶需求，是企業成敗的關鍵。企業應該根據不同需求、購買力等因素進行市場細分。數據庫行銷能夠幫助企業根據自身戰略和產品情況選擇符合企業目標的細分市場作爲目標市場。

⑵讓企業有針對性地進行行銷，降低行銷成本，提高行銷效率

可以借助數據庫有的放矢地使用各種行銷手段，滿足顧客需要，引導顧客的消費，避免行銷資源的浪費。一般來說，最重要的 20%的顧客能帶來 80%的收入和利潤，最糟糕的 20%的顧客卻使企業的利潤減少 50%。而完善的顧客數據庫很容易幫助企業找到誰是最重要的顧客。

⑶為企業提供個性化行銷模式，增加客戶的忠誠度

企業可以將不同產品定位在不同的目標客戶，並通過多管道行銷活動向目標客戶傳達這一特定信息。由於客戶的個性化需求得到了較好的滿足，因此他們會對企業的品牌、產品、服務形成良好的印象，這樣就建立起對企業產品或品牌的忠誠意識。另外，由於這種滿足是針對差異性很強的個性化需求，這就使得其他企業的進入壁壘變得很高，企業和客戶之間的關係就變得非常緊密，有助於形成「一對一」的行銷關係。

⑷**幫助企業獲得最新信息，為新策略制定和新產品開發提供依據**

發現客戶需要並滿足他，是企業的追求。數據庫行銷可以幫助企業建立與客戶溝通的信息互動平臺，讓企業真正瞭解客戶的實際需求，從而保證企業行銷戰略的制定是基於對行銷數據科學分析的基礎上，最大限度地爲新產品開發提供重要依據。

⑸**促進重覆購買**

重覆購買不一定是源於帶有明確推銷目的的經常性溝通，沒有明確推銷目的的經常性溝通也會促進顧客重覆購買。也就是說，數據庫可以幫助企業建立與消費者間的持續關係，從而促進消費者的重覆購買。

⑹**與競爭對手進行區別競爭**

數據庫行銷無需借助大眾傳媒，比較隱蔽，一般不會引起競爭對手的注意，避免了跟對手正面交鋒，容易達到預期的促銷效果。

第三節 走好關鍵的兩步

要真正實施數據庫行銷並非是一件簡單的事，數據庫行銷是一項系統工程，需要在各個部門、環節的配合之下進行。

數據庫行銷的實施一般有兩種方式：一種是外包給運營商，另一種是企業獨立運營。獨立運營方式具有運營成本低，用戶數據安全、可繼承、可維護，強大的用戶行爲分析和數據庫管理功能等特徵。與獨立運營相比，外包運營的優勢在於擁有更多潛在目標客戶列表，缺點是運營成本較高、缺少核心的數據庫管理、用戶行爲分析等核心功能。

至於選擇何種實施方式，企業應根據自己的行銷目標和企業現有的數據庫資源而定。

1. 深入挖掘數據信息

數據庫必須精確，才能提升行銷的精確性。因此在收集數據時，要借助各種管道，使用多種收集方法，廣泛收集對企業有價值的信息，並不斷地更新，建立最新、最完備的數據庫中心。

⑴常見的信息類型

消費者信息：消費者的基本情況、消費偏好、個性特徵、以往的業務交易等。

產品信息：產品的基本情況、供銷存情況、產品服務情況、消費者意見等。

競爭對手信息：競爭對手的數量、經營規模，經營商品的品種、價格、盈利能力、市場佔有率等。

⑵**獲取信息的主要途徑**

印有通信地址的優惠券、讀者服務卡、免費樣品；

有獎問卷調查；

在銷售產品時，收集並記錄信息；

某些內部發行材料和行業雜誌；

在線數據庫服務商；

目錄數據庫；

網路調查：

網站會員註冊。

必須指出的是，很多企業在數據庫的建立上花費了巨大的精力，但數據的利用率卻極低，既浪費了企業的人力、財力、物力，又浪費了得之不易的數據庫資源。之所以出現這種情況，主要有兩方面的原因：一是數據針對性不強：二是數據挖掘深度不夠。面對信息的海洋，如何挖掘數據中隱含的信息，直接反映一個企業數據庫行銷的實力。企業不能只停留在數據的表層挖掘上，應利用更加先進的電腦、信息管理、人工智慧等高科技技術深入挖掘對企業有用的資源。

2.**採取個性化的行銷策略**

建立了比較完善的數據庫行銷系統後，企業在具體實施時，要根據顧客的不同特點進行市場細分，把顧客和準顧客區分爲若干具有相同特徵的群體，然後根據每個顧客群的地區、行業、規模等因素，分別使用針對性強的廣告、電話推銷、郵件等促銷手段。

在企業的客戶群中，有些客戶群是更有價值的，有些客戶是毫無價值的。爲最高端 10%的高價值客戶群提供更好的服務，提高他們的忠誠度，確保這些客戶能夠長期地保留下來，是企業成功的根本所在。對於中端的客戶群可以設計客戶關懷項目，通過服務的交叉銷售來激勵客戶的價值提升。最低端的客戶群往往給企業帶來負利潤，投入的服務成本與客戶給企業帶來的收益不對等，企業應當採取措施降低服務成本，或是通過一些行銷門檻，對這些客戶進行淘汰。

「一對一」個性化的信息溝通是數據庫行銷取得成功的重要保證。以 EDM 爲例，企業在實施 EDM 時，需要注意以下幾點。

⑴**標題中要包含吸引收件人的關鍵詞**

電子郵件是可選方式，要吸引客戶打開郵件，這時郵件主題就變得非常重要。因此要仔細分析客戶群的興趣與關注點，從滿足客戶需要的角度出發，制定出有吸引力的標題。

一般來說，如果廣告目的是促銷或活動，那麼標題最好帶「免費，大獎」等字眼；如果廣告目的是品牌維護或新品推出，那麼標題最好突出企業或產品名稱，用戶儘管可以不打開郵件，但看到標題即完成了信息的傳達。

⑵**內容要迎合客戶的喜好**

郵件內容只有迎合客戶的喜好，才能實現「一對一」的溝通，反之，郵件就會被列入垃圾郵件的行列。因此企業在傳遞信息時，要細心尋找客戶的關注點和喜好，在信息發佈上盡可能迎合客戶當前的消費需求，或者是能夠引導客戶潛在的消費需求。

⑶**核心要素優先出現**

企業所發佈的主要信息和訴求重點應安排在第一屏可以看到的範圍內，郵件內容最好帶有圖片，這樣可以從視覺上刺激用戶，引導客戶點擊。但電子郵件不宜過大，以免用戶接收時出現問題。

此外，在發送郵件時，要讓客戶覺得這封郵件是專門爲他而發的，而不是群發，讓客戶有一種被尊重與重視的感覺。

第四節　幫助甲骨文公司贏得市場

甲骨文公司爲了推廣公司治理架構及其 IT 解決方案，制定了全球推廣目標，並將關注焦點定位在企業的財務總監、財務經理上。由於統一的推廣方案無法兼顧不同國家、地區的客戶需求差異和文化差異，甲骨文公司雖然投入了巨額行銷費用，但傳播效果並不理想。

甲骨文公司發現，僅僅將目標聯繫人定位爲財務總監、財務經理是不夠的，目標客戶的 CEO、COO、CIO、IT 經理等同樣是重要的目標對象，因爲他們從業務、技術角度來決定需求和採購。鑑於此，甲骨文公司策劃了一套整合的行銷溝通方案來推廣產品。此次活動採用 EDM、財經類網站的 Banner 廣告、直郵、針對性報刊夾寄以及電話訪問等多種傳播形式，向企業高層管理者、財務主管、IT 負責人等 20 萬目標受眾傳播甲骨文公司的公司治理理念及產品，挖掘銷售機會，提升甲骨文公司的品牌知名度。

經過兩個多月的實施，甲骨文公司在市場競爭中脫穎而出。將近 2 萬人對活動表示有興趣，閱讀了宣傳資料或訪問了宣傳網站，有 2000 多人塡寫了回饋問卷，並下載、閱讀了《甲骨文公司治理架構》手冊。最終甲骨丈公司挖掘出 900 多個銷售機會。

案例分析：

此次甲骨文公司能在市場取得良好的業績，可以說，數據庫行銷發揮了極大作用。甲骨文公司的數據庫行銷對其他企業來說，也是很有借鑑意義的。

⑴**準確的數據是項目高效運行的基礎**

本項目通過仔細甄選，從多種途徑選擇有效、符合要求的目標客戶，成為項目順利進行的保證。

⑵**產品訴求迎合了傳播對象的關注熱點**

公司治理是企業管理層普遍關注的熱點問題，伴隨相關法規的出臺，國內公司對此更是高度重視，甲骨文公司適時推出這一理念，立即引起了客戶的共鳴。

⑶**數據庫行銷成為整合傳播的支撐**

客戶數據的採集、回饋管理、後期跟蹤等數據庫行銷服務成為良好效果的保證。多種方式組合的整合傳播極大地增強了推廣效果，吸引了眾多客戶回饋。

心得欄

第五節　使用數據庫行銷，業績增一倍

X 保險公司是一家中型保險公司，汽車保險是其主營業務。近幾年，在車市蓬勃發展，一路高歌的大環境下，X 公司的業績卻一直平平，甚至出現下滑的現象。客戶量很難取得明顯突破，營業額停滯不前，市場投入一再增加，但效果甚微。

爲了改變這種狀況，X 公司採取了數據庫行銷的推廣方式，具體實施時，保留黃金客戶與開拓新市場雙管齊下。

在界定黃金客戶時，X 公司採用了計算客戶時間價值的方法來衡量每個客戶的重要性。客戶價值較高，處於前15%的客戶群被視爲黃金級別客戶。X 公司對這些黃金客戶進行了電話訪問，並通過建立 VIP 俱樂部網站，以 E-mail 方式與客戶保持持續有效的溝通，增強了客戶的忠誠度，穩定了黃金客戶。

對於新客戶，X 公司將其分爲兩類，一類是從未買過車險的客戶，另一類是其他競爭對手流失的客戶。對從未買過車險的客戶，X 公司以近期內購買汽車的人群爲主要目標，抓住他們對汽車的關注，借助國際汽車展的大力宣傳，在車展前舉辦了「免費贏車展門票——汽車保險知識競答」活動，收效顯著。

爲了有效管理代理人，X 公司還設立了「代理人俱樂部」。網站開通後，X 公司分配給每個保險代理人一個專用的用戶名及密碼，並對代理人進行了分期分批的培訓，將代理人參與俱樂部的活動與業績評估緊密結合，不但有效地激勵了代理人的積極性，而且解決了對代理人管理困難的問題。

短短一年的時間，數據庫行銷戰略推動了 X 公司的整體發展，X 公司的汽車保險業務市場比率也從 8%猛增到了 19%，成爲業內增長最快的佼佼者。

X 公司的數據庫行銷對其他企業的啓示如下。

⑴深入挖掘數據庫資源，抓住核心目標人群。

有些企業數據庫行銷之所以失敗，一個重要的原因就是沒有充分挖掘數據庫資源。其實，在企業的客戶群中，有些客戶群是更有價值的，有些客戶是價值不明顯的，爲最高端 10%的高價值客戶群提供更好的服務，提高他們的忠誠度，確保這些客戶能夠長期地保留下來，是企業成功的根本所在。X 公司在實施數據庫行銷時，首先牢牢抓住了黃金客戶，通過重點溝通，穩定高價值客戶群，爲公司業績打下了堅實的基礎。

⑵根據不同目標群體，進行「一對一」的信息溝通

「一對一」個性化的信息溝通是數據庫行銷取得成功的重要保證。對於黃金客戶，X 公司先是電話溝通，然後是建立 VIP 俱樂部，增強了客戶的忠誠度，穩定了黃金客戶。對於從未買過車險的客戶，X 公司抓住國際汽車展這一契機，通過舉辦「免費贏車展門票——汽車保險知識競答」活動，吸引這些人群對 X 公司的關注，贏得他們的好感。

案例：數據庫行銷讓《CXO》贏得讀者青睞

經濟學人集團屬下的《CXO》雜誌是服務於企業高層財務管理人士的專業雜誌，在全球(特別是美國)大中型企業高級財務管理人士中擁有巨大的影響力。2002 年《CXO》為了在 2～3 年時間內培養起一批忠實的高品質讀者群，該雜誌社採用數據庫行銷作為其推廣方式。

通過對數據庫的查詢和分析，《CXO》雜誌社確定了以 18 萬企業高層管理人士為目標讀者，採取了直郵宣傳和直接贈閱推廣方式，共設計了 6 輪直郵推廣和兩輪贈閱推廣。為了發展更多的訂閱讀者、保持高的續訂率，《CXO》雜誌社設計了個性化的讀者生日卡項目，同時優化了讀者續訂的流程，讀者可以通過網站註冊、電話申請、傳真申請等多種方式來完成免費訂閱申請和續訂。此外，《CXO》雜誌社還設計了一個專門的推廣項目——鼓勵老讀者介紹新讀者。該項目分為兩部份，一是鼓勵所有的老讀者介紹其他公司的高層管理人員來免費訂閱；二是鼓勵總經理介紹本公司的高級財務管理人士成為讀者。

通過數據庫行銷推廣，《CXO》雜誌續訂率達到83.7%，超過當初設定的目標，推廣費用卻只用了預算的78%。在前期3個季的推廣中，《CXO》雜誌獲得了約1.6萬的高品質讀者，「介紹新讀者」項目也相當成功，通過傳真和網上註冊，增加了3916名有效的訂閱讀者。《CXO》數據庫行銷的成功，對其他企業來說，很有借鑑意義。

⑴精準地分析目標讀者，抓住核心人群

《CXO》是面向企業高層財務管理人士的雜誌，因此雜誌社在行銷推廣時，將大中型企業財務總監、財務副總等財務專業高層管理者作為推廣的核心人群，其次是企業的綜合管理人士。並以此為原則，確定18萬企業高層管理人士為目標讀者。精準的目標客戶數據庫，為行銷打下了良好的基礎。

⑵採取個性化的行銷策略，培養良好的讀者關係

良好的讀者關係非常重要，一方面它直接影響讀者的續訂率；另一方面通過口碑傳播，可以吸引更多的潛在讀者來訂閱。

《CXO》雜誌社在客戶註冊信息中，收集了客戶出生日期信息，設計了特別的生日賀卡，在讀者生日的前一週寄到讀者的手中。這種個性化的關懷大大增加了讀者的好感，提升了讀者對雜誌的忠誠度。另外，續訂流程的優化又進一步強化了讀者的好感，提高了續訂率。在「老讀者

介紹新讀者」的推廣項目中，雜誌社還向每一位參與活動的介紹者寄發了熱情洋溢的感謝信，這些都進一步提升了讀者對該雜誌的信任感和忠誠度。

心得欄

第 11 章

免費策略行銷

免費行銷在生活中已經應用得很廣泛了。把某樣東西免費贈送，再想辦法通過其他手段贏利，是抓住用戶最有效的手段之一。

第一節　網路免費浪潮

一、免費策略運用很廣

免費行銷在生活中已經應用得很廣泛了。把某樣東西免費贈送，再想辦法通過其他手段贏利，是抓住用戶最有效的手段之一。

這個免費策略最早是由吉列刀片開創的。以前的刮鬍刀刀架和刀片是一體的。1895 年，吉列先生某一天早上刮鬍子時發現刀片已經太鈍了，但刀架還好好的。吉列產生了將刀架與刀片分開的想法，並且付諸實施，經過幾年的實驗後，推出刀架與刀片分開的刮鬍刀。

最初吉列刮鬍刀銷售的也並不怎麼樣，第一年只賣出了 51 個刀架，168 個刀片。在接下來的數年中，吉列嘗試各種行銷手法推廣他的刮鬍刀。最終使吉列刮鬍刀大行其道的方法是把刀架免費贈送，與茶葉、調料、咖啡等其他產品捆綁在一起，作爲免費禮物贈送給顧客。刀架作爲免費禮物即促進了其他產品的銷售，也給吉列刀片帶來了急劇增加的銷售。

從吉刮鬍刀的免費策略，是贈送刀架，靠賣刀片賺錢開始，免費行銷策略大行其道，在很多行業廣泛應用。大家很熟悉超市裏生產商設立的讓用戶免費試吃試用的櫃檯，還有行銷人員送上門的免費洗衣粉、報紙上的免費購物券等。

二、Internet是免費天堂

免費策略在網上更是如魚得水，可以說，網路是真正的免費世界。

Internet 最初就是完全免費的，沒有商業性，利用 Internet 進行電子商務是後來才演變的事。

Internet 的這種免費出身鑄成了網上用戶根深蒂固的觀念，那就是網站基本上都應該是免費的。用戶花錢買書、買雜誌、買電影票天經地義，但是讓用戶花錢上網看新聞就顯得匪夷所思，Internet 用戶已經被塑造成徹底的免費用戶。

網上的很多產品和服務也確實可以免費得到。最經典，最膾炙人口的免費策略推廣案例就是 Hotmail。當初 Hotmail 推出時所使用的推廣方法就是，在所有發出的郵件尾部加上一句 Hotmail 的廣告，吸引收到郵件的人註冊使用，郵件賬產完全免費。Hotmail 依靠免費及用戶的病毒式行銷，迅速佔領了電子郵件市場，並且爲所有電子郵件服務奠定了基本框架，使付費郵件很難成爲贏利模式。

在線下使用免費策略，畢竟還受到一些成本限制。在網上由於運行網站的硬體成本急劇降低，使得免費策略越來越能被承受。根據著名的摩爾定律，電腦晶片的性能每18個月提高一倍，而價格則下降為一半，這就最終使得網站運營成本不斷下降。

當然運行網站的服務器本身在可以預見的未來還不可能是免費的，運行一架服務器的成本其實挺高。但是網站服務的一個特徵就是可擴展性，一架服務器可以為成千上萬的用戶服務。運行諸如Hotmail等服務所需要的硬體、帶寬成本絕對值也相當巨大，不過如果考慮到使用服務的用戶數以億計，分攤到每個用戶身上的成本就可以忽略不計了。

所以對很多提供免費網路服務的公司來說，並不是硬體成本真的為零，而是分攤到每個用戶身上的成本不值得計算和收費。與其向每個用戶收一年幾塊錢服務費，還不如乾脆免費，通過其他方式賺錢。

與線下免費策略相比，線上免費策略其實已經有了實質性的變化。在線下，用戶免費獲得產品或服務，通常是因為商家提供試用、試吃樣品，用戶要繼續使用產品，還是得花錢買。或者像吉列刮鬍刀那樣，免費得到刀架，刀片還是得自己花錢買。或者說，傳統線下免費策略是把付費從一個產品轉移到另一個產品去了。

網上的免費策略則不同，用戶很可能從頭到尾一分錢都不用付，終身免費使用，也不用購買任何配套的產品。

免費提供的產品、服務其實是由其他人付費，並不是由用戶付費。像 Hotmail，付費的是廣告商，用戶只要願意繼續使用，可以永遠不用付費。還有的服務是絕大部份用戶永遠不必付費，服務成本由一小部份用戶支付。比如相冊分享服務 Flickr，除非想要更大空間及更完善功能的用戶才需要升級並付費，當然順帶著就把免費用戶的費用一起付掉了。由於硬體、帶寬等成本由數量巨大的用戶分攤，平均到每一個用戶身上費用很低，一個付費用戶除了支付自己的更大空間外，還要支付另外不少免費用戶的成本，總價格還是在可以承受的範圍之內。

Internet 給免費行銷策略提供了最好的舞臺，使免費策略可以發揮得淋漓盡致。

心得欄 ________________________________

____

____

____

____

____

第二節　免費策略的應用

一、基本產品免費，升級產品要付費

這是網路上最常見的方法。很多軟體發展商會提供兩個版本，免費版本包括了最基本的功能，升級付費版本則是包含更完整的功能或增加客戶服務，比如殺毒軟體 AVG。

再比如 Skype，所有用戶都可以下載，免費使用 Skype 電腦用戶端，它的語音和視頻通話效果都非常好。但如果用戶想從用戶端向普通電話撥號就需要付費。

再比如相冊管理分享服務 Flickr，所有人都可以免費申請使用，如果用戶需要更大的空間及更完整的功能，則需要升級和付費。

很多分類廣告網站也是這種形式，普通用戶可以免費發佈分類信息，但是如果要在某些特定，通常也是最熱門的類別發佈信息，比如房地產類別、招聘類別、則需要升級帳戶和付費。著名的分類廣告網站 Craigslist 就是使用這種模式。

二、用戶免費，廣告商要付費

這種方式在傳統媒體中已經很常見。電視和電臺廣播都是典型的用戶免費，廣告商付費。電視觀眾看電視並不需要付錢，電視臺賺錢是通過廣告商。

實際上大部份以廣告爲贏利模式的新聞和信息類網站，也屬於這種形式。用戶可以免費看各種新聞、評論、博客帖子、論壇帖子等，網站是通過出賣廣告賺取利潤。

Hotmail 及其他常見的免費郵件服務，也都是這種方式。

目前的搜索引擎也是用戶免費，廣告商付費。Google 搜索用戶都是免費使用，PPC 廣告客戶需要付費才能把廣告做在搜索結果頁面上。這種廣告方式從 Overture 開始，被 Google 發揚光大，現在已經成爲網路廣告的主力形式之一。

還有很多內容提供商也在改變本身的收費模式，轉而採用免費策略。比如著名的紐約時報網上版就取消了付費訂閱，所有用戶可以免費流覽紐約時報的巨量信息，紐約時報通過網路廣告贏利。從相對傳統的付費訂閱，轉爲用戶免費閱讀，廣告商付費，這是一個相當重大的策略轉變。據說紐約時報到目前爲止對效果滿意，所以有其他主流報紙也會效仿。

三、買家免費，賣家要付費

最典型的就是 B2B 平臺，如阿里巴巴、慧聰、中國製造等。用戶可以免費註冊帳號，發佈供求信息，只有當賣家需要回覆買家詢盤時，才會用到付費帳號，否則無法聯繫對方。

另外一家 B2B 平臺 ECVV，對收費模式進行了改革，不是採用付費會員方式，而是當有詢盤時，賣家按一次詢盤需要付一定費用的模式進行。從根本上說也還是買家免費，賣家付費。

最大的個人電子商務平臺 eBay，實際上也是這種方式。賣家登錄產品需要付費，產品賣出去還要支付交易費用，而買家流覽、購買都不需要支付管理費用。

四、產品免費，延伸服務就要收費

商家免費提供不錯的產品，用戶可以自由使用，如果用戶需要用到與之相關的服務時就得付費了。這些延伸服務並不是使用產品所必須的。

一些開源軟體提供商，如博客軟體 WordPress、購物車軟體 OSCommerce、ZenCart、ShopEX、還有很多論壇軟體都是如此。軟體本身功能強大，深受歡迎而且免費使用，軟體發展商通過範本定制、功能定制、安裝服務、軟體發展等延伸服務贏利。

購物車軟體 ShopEX 以前曾經是付費軟體，後來也適應網上同類軟體的趨勢免費提供，使軟體更迅速地在用戶中傳播，佔領市場。用戶群增長，帶來的延伸需求自然增長。

一部份網路遊戲也是典型的產品免費，延伸服務收費，尤其是近兩年的網遊，基本上都是這種方式。用戶免費玩遊戲，但是需要買裝備時則需要付費。這種免費模式被網路遊戲證明，效果十分顯著。

編程語言 Java 也是這種方式。程序語言本身免費使用，軟體發展者 Sun 公司依靠提供服務器和定制軟體發展贏利。

著名的音樂全才 Prince 在 2007 年 7 月通過英國的每日郵報免費散發 280 萬張自己的音樂專輯，每日郵報爲此付出每張專輯 36 分的版權費。結果是雙方都獲益。每日郵報當天發行量增長 20%，獲益更多的是 Prince 本身，除了獲得差不多 100 萬美元的版權費以外，更大的收穫是 8 月份的 21 場倫敦演唱會，門票很快銷售一空，總共賺了 2340 萬美元。免費分發專輯的目的，就是爲了賣演唱會門票。

類似的音樂提供在網上還有很多，不少音樂創作者已經不寄希望於通過銷售 CD 賺版權費，面對現在的音樂市場，對免費提供的 MP3，甚至盜版等，一些音樂創作者並不介意，因爲帶來的好處是知名度的提高，以及參加現場演出的機會增加。

五、設備免費，耗材才要收費

最典型的就是印表機。現在大部份印表機都是以成本價，或低於成本價在銷售，生產商賺錢的地方是耗材墨水匣，甚至很多時候買一套墨水匣的價格，與買一台配有墨水匣的新印表機價格也差不多了。由於墨水匣需要連續消費，生產商即使賠本賣印表機，也可以通過耗材賺錢。

另一個典型是手機服務。手機免費贈送，條件是要和服務商簽訂 2～3 年的長期合約，保證使用手機服務，如果中途取消手機服務，當然有罰款。由於手機制造成本的降低，一兩百塊的手機本身已經無法賺錢，但通過免費贈送手機，鎖定用戶 2～3 年的服務，也就鎖定了上千元的服務費。對通信服務商來說，基礎建設完成後，增加一個用戶的服務成本近乎為零。

飲用水市場也經常使用這種方式。很多生產商免費提供飲水機器材，用戶需要付費購買的是純淨水。

六、用戶免費，企業用戶才收費

有一些服務是普通用戶免費，企業用戶需要付費，尤其是牽扯利用產品進行生產製造的企業。

比如著名的跨平臺文件格式 PDF 就是一個免費策略例子。用戶可以在 Adobe 網站免費下載 PDF 閱讀器軟體，也正因爲如此，很多電子書、行業報告等文件都是以 PDF 格式製作，使 PDF 成爲應用最廣泛的跨平臺文件格式，成爲發佈、分享文件的事實行業標準。據統計，98%以上的電腦裝有 PDF 閱讀軟體。

而要想製作 PDF 文件的用戶，則需要購買 PDF 文件製作軟體，才能把 Word 等文件轉換爲 PDF 格式。現在也有一些免費 PDF 製作軟體，不過功能與 Adobe 的原版 PDF 製作軟體相差還是很多。

另一個例子是媒體播放器軟體 Real Player。製造商 RealNetwork 免費提供播放器軟體給用戶下載，其贏利大部份來自於應用 Real Player 的企業用戶，比如需要使用 Real Player 格式在網站上提供流媒體內容，就需要使用專用的軟體及服務器。另外一部份收入是付費版 Real Player 播放器，不過由於微軟的媒體播放器等都是免費，付費版 Real Player 已經很少有人使用。由於公司策略問題，免費 Real Player 現在也已經不是主流，不過當年 Real Player 是最好、市場最大的媒體播放器軟體。

第三節　免費最終是為了收費

一、免費午餐還是為了收費

對用戶來說，網上確實有免費午餐。很多服務只要用戶願意，就可以一直使用，像使用了好多年的雅虎郵件帳號。在可以預知的未來，看不出雅虎有收費的可能。只要願意，也許可以使用幾十年。

但是站在服務商的角度，又可以說天下沒有免費的午餐。所有免費的一切，最終還是爲了收費。要麼是向用戶收費，先免費後收費；要麼是由一部份用戶爲所有用戶付費；要麼是廣告商或企業用戶爲其他用戶付費。

任何商業公司的免費產品或服務，都是爲了最終收費這個目標。

有很多目前看起來完全免費的服務，早晚也是要收費的。贏利模式可能需要一段時間摸索，比如當年的 Google 等搜索引擎，在競價排名機制成熟之前一切免費，Google 運行了不短的時間也不知道收費模式在那裏，最終 Overture 竟價排名模式通過 Google 發揚光大。

二、免費走向收費

爲了從免費模式最終走向收費，商家就需要審視自己的產品，有那些產品或產品的某部份可以免費贈送？又該怎樣收費？最終能完成收費的免費策略通常有這樣幾個可能性。

第一，產品可以分成不同的部份。某些部份可以白給，另外一部份可以出售贏利，這兩部份必須緊密結合，誰離了誰都不能使用。刮鬍刀就是最典型的產品，刀架沒有刀片，完全沒有用，刀片離了刀架，也沒什麼用。所以才能刀架免費贈送，靠刀片賺錢。

印表機耗材也是如此，沒有了油墨，印表機毫無價值。飲用水也是，沒有了水桶裏的水，飲水機本身一點用都沒有。網路遊戲在很大程度上也是如此，沒有設備、衣服和一定的等級，用戶也可以玩，但是效果就差得很遠了。要想玩得盡性，就得買配套的其他付費產品。

所以使用免費策略的第一點，就是看自己的產品或服務能不能分成兩部份，兩者無法分開單獨使用。

第二個可能性是產品製作、運輸成本低，甚至可以忽略。產品研發成功之後，複製或製作、運輸如果成本都很低的話，就是一個好的可以用於免費贈送的產品。比如軟體，一旦研發成功，用戶下載、複製成本是零，開發商要麼可以靠完整版收費，要麼可以靠延伸服務收費。

電子書也是這種非常有利於免費贈送的產品。已經提到過很多次免費電子書的應用，比如電子郵件行銷爲吸引用戶訂閱贈送電子書。

第三個可能性是有大量市場需求，比如生活日常用品洗髮水、牙膏、洗滌劑、化妝用品等。這種產品製造和運輸成本不能忽略，但是一旦培養出忠實用戶，必然產生不間斷的大量需求，就可以考慮免費贈送試用，或者把產品的一部份免費贈送。

再比如印表機，製造成本並不低。不過列印是現代辦公不可少的日常活動，機器免費贈送，只要能帶來對墨水匣的大量需求，就不妨免費贈送印表機。

第四個可能性，某些產品或服務雖然用戶不付費，但有可能找到廣告商付費，比如網上大量的新聞類網站。對一些門戶網站來說，產生內容的成本也不低，需要大量編輯，需要與傳統媒介合作，但是這一切只要能找到廣告商買單，也就可以生存和贏利。

總之，免費只是一個行銷策略，一定不是產品和服務的最終目標。無論免費產品是以那種面貌出現，其最終目的還是爲了收費。

第四節　免費的風險

一部份免費策略是沒什麼風險的，尤其是那些複製、配送成本為零的產品，諸如電子書、軟體等。就算免費策略最終沒有能夠成功地發展出收費模式，也不至於對企業和網站造成致命打擊。

但有一些免費策略要大規模使用就帶有一定的風險，需要行銷人員事先做好市場調查及測試。

免費策略的實現可能性之一，就是把產品分成不同的部份：一部份免費，另一部份付費。這就有可能產生一些風險，比如替代產品帶來的風險。

最典型的就是印表機油墨。主流印表機生產商都採用類似的免費策略，印表機本身近乎白送，然後從墨水匣賺錢。但是一些小廠商生產的相容墨水匣對這種贏利模式造成了很大衝擊和壓力。所以這些印表機生產商不像其他軟硬體生產商那樣，儘量使自己的產品與其他產品相容，而是絞盡腦汁讓自己的產品不相容，才能避免自己的印表機免費或低價，結果卻幫別人賣墨水匣。

有實力的印表機品牌能調整產品策略，使整個模式進行下去。規模小的公司，不一定能抵擋得住替代品的衝擊。

被分成兩部份的產品或服務，還必須有極強的互補性。也就是說，一部份離開另一部份就無法使用。如果兩部份能各自獨立存在使用，也對免費策略造成威脅。

比如開源網站程序 ShopEX、WordPress 等，靠延伸的定制、安裝、範本製作等服務收費，其實是有一定風險的。因爲這些開源程序並不依賴於付費服務，用戶完全可以自己製作範本，自己寫插件，毫不影響使用。ShopEX、WordPress 等是使用免費策略比較成功的例子，他們的產品是站長極度需要，並且易用性很好的建站程序，有很廣闊的市場。並且目標市場用戶中有一部份人對自行修改範本，定制特殊功能等有需求，但自己沒有能力解決。

有些很類似的產品就處於比較尷尬的境地，比如著名的 RedHat 作業系統。作爲開源作業系統 Linux 的一個版本，RedHat 免費發放，然後通過提供技術支援收費。問題是真正使用 RedHat 作業系統的往往是對技術比較精通的用戶。有多少普通用戶會捨棄 Windows 而去使用 RedHat 呢？這些精通技術、使用 RedHat 的人，正是不需要 RedHat 技術支援的人。正因爲如此，RedHat 作爲曾經最火爆的、被討論最多的明星作業系統之一，現在的處境不好。

依靠賣廣告的免費策略也有天生的風險。當年 Internet 泡沫破滅之前，最流行的說法就是大家都建網站，吸引用戶，然後賣廣告，結果是沒有多少靠賣廣告生存下來的網站。最終生存下來的都是那些身經百戰，並且確實在內容上有獨到之處的大網站。

另外一個風險是，免費產品給予用戶最初體驗，極大降低用戶接受的門檻，但同時也就成爲產品品質的試金石。好的免費產品容易讓用戶轉換品牌，不好的初次體驗也就意味著再也沒有機會獲得這個用戶。所以在發展可以用於免費贈送的產品時，一定不要覺得反正也是免費，就弄一些低質的東西糊弄用戶。越是免費，品質越是要做到最好。免費策略應用，大致上還可以分爲兩種，一種是免費策略僅僅作爲行銷手段，另一種是把免費策略發展爲商業模式。僅僅作爲行銷手段的，比如試用版免費軟體、免費電子書下載等，可以說風險非常低。但是當把免費策略上升爲商業模式時，風險程度相應提高，比如免費網路遊戲、PDF 閱讀器等。對中小企業網站來說，最好先把免費作爲網路行銷的手段，不要輕易把整個商業模式建立在免費策略上。

心得欄

第12章

成為社會「焦點」的網路事件行銷

網路事件行銷是指企業通過策劃、組織或利用具有名人效應、新聞價值以及社會影響的人物或事件，通過網站發佈，吸引媒體和公眾的興趣與關注，從而提高企業或產品的知名度、美譽度，樹立良好的品牌形象，最終達到促進企業銷售的目的。

第一節　網路事件行銷的四大核心要點

網路事件行銷是指企業通過策劃、組織或利用具有名人效應、新聞價值以及社會影響的人物或事件，通過網站發佈，吸引媒體和公眾的興趣與關注，從而提高企業或產品的知名度、美譽度，樹立良好的品牌形象，最終達到促進企業銷售的目的。

網路事件行銷的本質是將企業新聞變成社會新聞，在引起社會廣泛關注的同時，將企業或產品的信息傳遞給目標受眾。在 Internet 時代，不管企業有意還是無意，任何一起行銷事件都必然會在網路媒體上再次傳播，網路媒體的廣泛傳播，也推動著事件進一步「聚焦」，成爲公眾關注的熱點。因此從某種意義上說，Internet 時代，幾乎所有的事件行銷都屬於網路事件行銷。

網路事件行銷的最大特點是成本低、見效快，相當於「花小錢辦大事」。隨著市場競爭的升級，充分利用網路事件行銷已成爲企業中較爲流行的一種公關傳播與市場推廣手段。

網路事件行銷就是企業製造或者放大具有新聞效應的事件，讓網路、紙介等媒體競相報導，通過吸引公眾對事件的注意，引發公眾對企業或產品的關注。企業要想事件行銷獲得成功，必須把握好以下幾個核心要點。

1. 事件要有新聞點

新聞點就是「新聞由頭」。網路事件行銷要想獲得成功，就必須有新聞點——社會關注的熱點或重點，或者新奇、有趣，是前所未聞的事情。有了好的「新聞由頭」，就抓住了媒體的眼球，抓住了媒體的眼球，就抓住了受眾的眼球。

一般來說，大多數受眾對新奇、反常、有人情味的東西比較感興趣。如塗料企業老闆喝塗料曾引來滿堂喝彩，轟動了整個城市。最初，公司是準備給小貓小狗喝塗料來宣傳產品的健康、環保，不料遭到動物保護協會的反對，老闆情急之下就自己把塗料喝了，這一事件被國內媒體爭相轉載，滿足了人們對新聞新奇性的追求，也使公司產品銷量大增。

2. 事件與品牌要有聯接點

網路事件行銷不能脫離品牌的核心理念，必須和企業品牌的訴求點聯繫起來，才能達到行銷效果。只有品牌與事件的聯接自然流暢，才能讓消費者把對事件的熱情轉移到企業或產品。例如萬寶路贊助一級方程式車賽 20 餘年，一是根據相關性原則，此活動符合其品牌核心價值。摩托車比賽的刺激、驚險、豪放，正是其品牌個性，目標人群也對此感興趣；二是領導性原則，一級方程式與萬寶路的市場地位相一致，強化其全球領導的印象。

3. 事件要緊抓「公益」關鍵詞

事件行銷要想獲得成功，就必須牢牢抓住「公益」關鍵詞。因爲「公益」是一種社會責任，沒有公益性的行銷方案就失去了社會意義和號召力，沒有了社會意義和號召力，自然就沒有受眾的參與，而沒有受眾的廣泛參與就不可能達到行銷目的。2008 年 5 月 18 日，在中國央視舉辦的「愛的奉獻——2008 抗震救災募捐晚會」上，王老吉公司宣佈向地震災區捐款 1 億元人民幣。「一鳴驚人」是那場晚會上王老吉最大的收穫，這可能比投放幾個億的廣告效果都要好。王老吉的成功就在於其抓住了「公益」的關鍵詞。

4. 事件要形成整合傳播之勢

事件行銷是爲了提升品牌，因此企業在宣傳事件時，要整合各種傳播手段，放大事件的傳播效應，將信息準確、完整、迅速地傳達到目標人群。如在「2005 快樂中國蒙牛酸酸乳超級女聲」活動中，蒙牛公司的配合宣傳是全方位的。電視廣告、網路宣傳、戶外廣告、促銷活動等及時跟進。蒙牛酸酸乳事件行銷的成功，其實也是蒙牛整合行銷傳播的成功。

第二節　網路事件行銷的兩種模式

網路事件行銷的操作方法，一般有「借勢」和「造勢」兩種。借勢，就是參與大眾關注的焦點話題，將企業帶入話題的中心，由此引起媒體和大眾的關注。造勢，就是企業通過自身策劃富有創意的活動，引起媒體或者大眾關注。兩者殊途同歸，都是爲了提高企業形象或者銷售產品。

1. 借勢

企業在借助重大事件或社會熱點進行行銷時，必須把握好 3 個要點。

⑴反應迅速，第一時間介入

爭取第一時間，在人們對事件的關注處於高潮的時候進入，所取得的行銷效果無疑是最大的。如海爾借助「申奧成功」那一激動人心的時刻，成功地進行了事件行銷。2001 年 7 月 13 日夜，一個非常緊張的時刻，爭辦 2008 年奧運會的結果，即將揭曉，億萬中國人都守在電視機前觀看現場直播。當薩馬蘭奇念出「北京」之時，全世界的華人都沸騰了。就在申奧成功的第一時間，「海爾祝中國申奧成功」的祝賀廣告便緊隨其後在中央台播出，海爾集團的熱線電話被消費者打爆，很多的消費者致電只是爲了與海爾分享勝利的喜悅。從事件本身來看，海爾雖然沒有取得直接的效益，但是申奧成功的紀念價值和象徵意義對於海爾品牌形象的提升，以及增強海爾品牌與消費者的溝通方面，價值是不可估量的。

⑵找準關鍵點，巧妙切入

從公益角度切入，能夠樹立企業的良好形象，增強消費者對企業品牌的認知度和美譽度。如2003年「非典SARS」期間，素有「國藥傳人」美譽的正大青春寶藥業集團向醫院捐贈其產品，用於臨危受命的醫護人員提高免疫力，憑藉其一直以來就存在的良好口碑傳播，青春寶短期內銷量大增。

⑶與大事件聯繫，引發公眾聯想

2000年夏季，對峙半個世紀的朝韓終於握手言和，朝韓峰會成為全球關注的焦點。邦迪公司所推出的創可貼產品，敏感地抓住了這個時機，推出廣告《朝韓峰會篇》。在朝韓總統金正日與金大中歷史性地激情碰杯時，在經典畫面之外傳來旁白：邦迪堅信，世界上沒有癒合不了的傷口！把人們對和平的期盼，通過「傷口癒合」巧妙地傳達出來，引起消費者的強烈共鳴，也使邦迪公司品牌形象得到極好的提升。

2. 造勢

借勢雖然不失為企業揚名的一個好辦法，但有時「勢」並非是企業想借就借的，當企業揚名迫在眉睫而又無勢可借時，製造熱點事件（造勢）則是另一個辦法。企業在造勢時，需要注意以下幾點。

⑴**合理定位**

在「製造」新聞事件前，要進行 4 個方面的定位：一是事件定位，要找到品牌與事件的關聯，事件行銷不能脫離品牌的核心理念，必須和公眾的關注點、事件的核心點、企業的訴求點重合起來，做到三位一體，才能擊中目標；二是賣點定位，產品的賣點和事件應有機結合在一起，切不可將事件與產品同時堆砌；三是消費者定位，不同的消費者會關注不同的事件；四是推廣定位，事件行銷成功關鍵是事件與其他傳播手段的協同作戰，包括網路傳播、電視廣告、戶外廣告等，形成圍繞「事件」的一個整合傳播。

⑵**巧妙「製造」新聞事件**

企業製造新聞事件的方法大致有以下幾種：

①媒體做典型報導，宣傳企業的成功經驗；

②政府主管到企業視察，稱讚企業，爲企業揚名；

③策劃社會公益活動，雙向互動，博得公眾好感及社會關注；

④策劃奇特的、反常的行爲，引起轟動效應；

⑤抓住一些非常規事件或突發事件，借勢造勢；

⑥抓住新問題、新話題，特別是抓住一些動態的事件，策劃一些動感很強、讓媒體和社會感到很有新意的新聞。

茅臺酒「摔瓶」事件：1915 年，在國際巴拿馬博覽會上，各國送展的產品，可謂琳琅滿目，美不勝收。可是中國送展的茅臺酒，卻被擠在一個角落，久久無人問津。中國的一位工作人員不慎把這瓶茅臺酒摔在地上。酒瓶落地，濃香四溢，招來不少看客。人們一下子被茅臺酒的奇香吸引住了……從此，那些只飲「香檳」、「白蘭地」的外國人，知道了中國茅臺酒的魅力。這一摔，茅臺酒出了名，被評為世界名酒之一，並得了大獎。

1985 年的一天，海爾公司總經理在檢查庫存產品時，發現 76 台冰箱有品質缺陷。當時工業體系中有一種分級的慣例，即把產品分為一、二、三等，甚至等外品，只要產品能用，就可以賣出去。這在物質匱乏的年代是一種無可奈何的選擇，品質差點總比沒有好。當時一台冰箱的價格大約相當於一個工人兩年的積蓄，對一個虧損 147 萬元、步履維艱的小廠來說，這 76 台冰箱的價值是一個「天文數字」。當時，許多職工希望將這些冰箱便宜些賣給職工，但海爾公司毅然決定：將這些冰箱全部砸爛。「砸機」事件砸出了海爾品牌的品質形象，向全社會宣傳了海爾「以品質為本」的企業理念，為海爾在未來發展成為全球知名品牌打下堅實的基礎。

⑶ **建立風險防範機制**

事件行銷本身是一把「雙刃劍」：它以短、平、快的方式為企業帶來巨大的關注度，但也可能起到反作用。也可能是，企業或產品的知名度雖然擴大了，但不是美譽度的提高而是負面的評價。

媒體的不可控制和新聞接受者對新聞的理解程度決定了事件行銷的風險性。任何事件炒作過頭，一旦受眾得知了事情的真相或被媒體誤導，極有可能對企業產生反感，最終傷害到企業的利益。如四川秦池酒業連續幾年獲中國中央電視臺廣告標王，給秦池這一品牌注入了無限的活力，但一則關於「秦池白酒是用川酒勾兌」的負面新聞報導，使秦池徹底地退出了歷史舞臺。正所謂「成也蕭何，敗也蕭何」，過度的炒作和造勢，也可能是一顆定時炸彈，隨時有可能給企業帶來滅頂之災。

事件行銷中利益與風險並存，因此企業既要學會取其利，還要知道避其害。對於風險項目，首先要做的是風險評估，這是進行風險控制的基礎。風險評估後，根據風險等級建立相應的防範機制。事件行銷展開後還要依據實際情況，不斷調整和修正原先的風險評估，補充風險檢測內容，並採取措施化解風險，直到整個事件結束。

心得欄

圖書出版目錄

1.傳播書香社會，凡向本出版社購買（或郵局劃撥購買），一律 9 折優惠。
服務電話(02) 27622241　(03) 9310960　　傳真(02) 27620377

2.郵局劃撥號碼：18410591　郵局劃撥戶名：憲業企管顧問公司

3.圖書出版資料隨時更新，請見網站　www.bookstore99.com

4. **CD 贈品** 直接向出版社購買圖書，本公司提供 CD 贈品如下：買 3 本書，贈送 1 套 CD 片。買 6 本書，贈送 2 套 CD 片。買 9 本書，贈送 3 套 CD 片。買 12 本書，贈送 4 套 CD 片。CD 片贈品種類，列表在本「圖書出版目錄」最末頁處。

5. **電子雜誌贈品** 回饋讀者，免費贈送《環球企業內幕報導》電子報，請將你的 e-mail、姓名，告訴我們編輯部郵箱 huang2838@yahoo.com.tw 即可。

經營顧問叢書

4	目標管理實務	320 元
5	行銷診斷與改善	360 元
6	促銷高手	360 元
7	行銷高手	360 元
8	海爾的經營策略	320 元
9	行銷顧問師精華輯	360 元
10	推銷技巧實務	360 元
11	企業收款高手	360 元
12	營業經理行動手冊	360 元
13	營業管理高手（上）	一套
14	營業管理高手（下）	500 元
16	中國企業大勝敗	360 元
18	聯想電腦風雲錄	360 元
19	中國企業大競爭	360 元
21	搶灘中國	360 元
22	營業管理的疑難雜症	360 元

23	高績效主管行動手冊	360 元
25	王永慶的經營管理	360 元
26	松下幸之助經營技巧	360 元
30	決戰終端促銷管理實務	360 元
31	銷售通路管理實務	360 元
32	企業併購技巧	360 元
33	新產品上市行銷案例	360 元
37	如何解決銷售管道衝突	360 元
46	營業部門管理手冊	360 元
47	營業部門推銷技巧	390 元
49	細節才能決定成敗	360 元
52	堅持一定成功	360 元
55	開店創業手冊	360 元
56	對準目標	360 元
57	客戶管理實務	360 元
58	大客戶行銷戰略	360 元

59	業務部門培訓遊戲	380 元
60	寶潔品牌操作手冊	360 元
61	傳銷成功技巧	360 元
63	如何開設網路商店	360 元
66	部門主管手冊	360 元
67	傳銷分享會	360 元
68	部門主管培訓遊戲	360 元
69	如何提高主管執行力	360 元
70	賣場管理	360 元
71	促銷管理（第四版）	360 元
72	傳銷致富	360 元
73	領導人才培訓遊戲	360 元
75	團隊合作培訓遊戲	360 元
76	如何打造企業贏利模式	360 元
77	財務查帳技巧	360 元
78	財務經理手冊	360 元
79	財務診斷技巧	360 元
80	內部控制實務	360 元
81	行銷管理制度化	360 元
82	財務管理制度化	360 元
83	人事管理制度化	360 元
84	總務管理制度化	360 元
85	生產管理制度化	360 元
86	企劃管理制度化	360 元
87	電話行銷倍增財富	360 元
88	電話推銷培訓教材	360 元
90	授權技巧	360 元
91	汽車販賣技巧大公開	360 元
92	督促員工注重細節	360 元
93	企業培訓遊戲大全	360 元
94	人事經理操作手冊	360 元

95	如何架設連鎖總部	360 元
96	商品如何舖貨	360 元
97	企業收款管理	360 元
98	主管的會議管理手冊	360 元
100	幹部決定執行力	360 元
106	提升領導力培訓遊戲	360 元
107	業務員經營轄區市場	360 元
109	傳銷培訓課程	360 元
111	快速建立傳銷團隊	360 元
112	員工招聘技巧	360 元
113	員工績效考核技巧	360 元
114	職位分析與工作設計	360 元
116	新產品開發與銷售	400 元
117	如何成為傳銷領袖	360 元
118	如何運作傳銷分享會	360 元
122	熱愛工作	360 元
124	客戶無法拒絕的成交技巧	360 元
125	部門經營計畫工作	360 元
126	經銷商管理手冊	360 元
127	如何建立企業識別系統	360 元
128	企業如何辭退員工	360 元
129	邁克爾・波特的戰略智慧	360 元
130	如何制定企業經營戰略	360 元
131	會員制行銷技巧	360 元
132	有效解決問題的溝通技巧	360 元
133	總務部門重點工作	360 元
134	企業薪酬管理設計	
135	成敗關鍵的談判技巧	360 元
137	生產部門、行銷部門績效考核手冊	360 元
138	管理部門績效考核手冊	360 元

139	行銷機能診斷	360 元
140	企業如何節流	360 元
141	責任	360 元
142	企業接棒人	360 元
143	總經理工作重點	360 元
144	企業的外包操作管理	360 元
145	主管的時間管理	360 元
146	主管階層績效考核手冊	360 元
147	六步打造績效考核體系	360 元
148	六步打造培訓體系	360 元
149	展覽會行銷技巧	360 元
150	企業流程管理技巧	360 元
152	向西點軍校學管理	360 元
153	全面降低企業成本	360 元
154	領導你的成功團隊	360 元
155	頂尖傳銷術	360 元
156	傳銷話術的奧妙	360 元
158	企業經營計畫	360 元
159	各部門年度計畫工作	360 元
160	各部門編制預算工作	360 元
161	不景氣時期，如何開發客戶	360 元
162	售後服務處理手冊	360 元
163	只爲成功找方法，不爲失敗找藉口	360 元
166	網路商店創業手冊	360 元
167	網路商店管理手冊	360 元
168	生氣不如爭氣	360 元
169	不景氣時期，如何鞏固老客戶	360 元
170	模仿就能成功	350 元
171	行銷部流程規範化管理	360 元
172	生產部流程規範化管理	360 元
173	財務部流程規範化管理	360 元
174	行政部流程規範化管理	360 元
175	人力資源部流程規範化管理	360 元
176	每天進步一點點	350 元
177	易經如何運用在經營管理	350 元
178	如何提高市場佔有率	360 元
179	推銷員訓練教材	360 元
180	業務員疑難雜症與對策	360 元
181	速度是贏利關鍵	360 元
182	如何改善企業組織績效	360 元
183	如何識別人才	360 元
184	找方法解決問題	360 元
185	不景氣時期，如何降低成本	360 元
186	營業管理疑難雜症與對策	360 元
187	廠商掌握零售賣場的竅門	360 元
188	推銷之神傳世技巧	360 元
189	企業經營案例解析	360 元
191	豐田汽車管理模式	360 元
192	企業執行力（技巧篇）	360 元
193	領導魅力	360 元
194	注重細節（增訂四版）	360 元
195	電話行銷案例分析	360 元
196	公關活動案例操作	360 元
197	部門主管手冊(增訂四版)	360 元
198	銷售說服技巧	360 元
199	促銷工具疑難雜症與對策	360 元
200	如何推動目標管理(第三版)	390 元
201	網路行銷技巧	360 元
202	企業併購案例精華	360 元
204	客戶服務部工作流程	360 元

205	總經理如何經營公司（增訂二版）	360 元
206	如何鞏固客戶（增訂二版）	360 元
207	確保新產品開發成功（增訂三版）	360 元
208	經濟大崩潰	360 元
209	鋪貨管理技巧	360 元
210	商業計畫書撰寫實務	360 元
211	電話推銷經典案例	360 元
212	客戶抱怨處理手冊(增訂二版)	360 元
213	現金爲王	360 元
214	售後服務處理手冊（增訂三版）	360 元
215	行銷計畫書的撰寫與執行	360 元
216	內部控制實務與案例	360 元
217	透視財務分析內幕	360 元
218	主考官如何面試應徵者	360 元
219	總經理如何管理公司	360 元
220	如何推動利潤中心制度	360 元
221	診斷你的市場銷售額	360 元
222	確保新產品銷售成功	360 元
223	品牌成功關鍵步驟	360 元
224	客戶服務部門績效量化指標	360 元
225	搞懂財務當然有利潤	360 元
226	商業網站成功密碼	360 元
227	人力資源部流程規範化管理（增訂二版）	360 元
228	經營分析	360 元
229	產品經理手冊	360 元
230	診斷改善你的企業	360 元
231	經銷商管理手冊(增訂三版)	360 元
232	電子郵件成功技巧	360 元
233	喬・吉拉德銷售成功術	360 元

《商店叢書》

1	速食店操作手冊	360 元
4	餐飲業操作手冊	390 元
5	店員販賣技巧	360 元
6	開店創業手冊	360 元
8	如何開設網路商店	360 元
9	店長如何提升業績	360 元
10	賣場管理	360 元
11	連鎖業物流中心實務	360 元
12	餐飲業標準化手冊	360 元
13	服飾店經營技巧	360 元
14	如何架設連鎖總部	360 元
18	店員推銷技巧	360 元
19	小本開店術	360 元
20	365 天賣場節慶促銷	360 元
21	連鎖業特許手冊	360 元
22	店長操作手冊（增訂版）	360 元
23	店員操作手冊（增訂版）	360 元
24	連鎖店操作手冊（增訂版）	360 元
25	如何撰寫連鎖業營運手冊	360 元
26	向肯德基學習連鎖經營	350 元
27	如何開創連鎖體系	360 元
28	店長操作手冊（增訂三版）	360 元
29	店員工作規範	360 元
30	特許連鎖業經營技巧	360 元
31	店員銷售口才情景訓練	360 元
32	連鎖店操作手冊(增訂三版)	360 元

《工廠叢書》

1	生產作業標準流程	380 元
4	物料管理操作實務	380 元
5	品質管理標準流程	380 元
6	企業管理標準化教材	380 元
8	庫存管理實務	380 元
9	ISO 9000 管理實戰案例	380 元
10	生產管理制度化	360 元
11	ISO 認證必備手冊	380 元
12	生產設備管理	380 元
13	品管員操作手冊	380 元
14	生產現場主管實務	380 元
15	工廠設備維護手冊	380 元
16	品管圈活動指南	380 元
17	品管圈推動實務	380 元
18	工廠流程管理	380 元
20	如何推動提案制度	380 元
22	品質管制手法	380 元
24	六西格瑪管理手冊	380 元
28	如何改善生產績效	380 元
29	如何控制不良品	380 元
30	生產績效診斷與評估	380 元
31	生產訂單管理步驟	380 元
32	如何藉助 IE 提升業績	380 元
34	如何推動 5S 管理（增訂三版）	380 元
35	目視管理案例大全	380 元
36	生產主管操作手冊(增訂三版)	380 元
37	採購管理實務（增訂二版）	380 元
38	目視管理操作技巧(增訂二版)	380 元
39	如何管理倉庫（增訂四版）	380 元
40	商品管理流程控制(增訂二版)	380 元
41	生產現場管理實戰	380 元
42	物料管理控制實務	380 元
43	工廠崗位績效考核實施細則	380 元
46	降低生產成本	380 元
47	物流配送績效管理	380 元
48	生產部門流程控制卡技巧	380 元
49	6S 管理必備手冊	380 元
50	品管部經理操作規範	380 元
51	透視流程改善技巧	380 元
52	部門績效考核的量化管理（增訂版）	380 元
53	生產主管工作日清技巧	380 元
54	倉庫管理工作日清技巧	

《醫學保健叢書》

1	9 週加強免疫能力	320 元
2	維生素如何保護身體	320 元
3	如何克服失眠	320 元
4	美麗肌膚有妙方	320 元
5	減肥瘦身一定成功	360 元
6	輕鬆懷孕手冊	360 元
7	育兒保健手冊	360 元
8	輕鬆坐月子	360 元
9	生男生女有技巧	360 元
10	如何排除體內毒素	360 元
11	排毒養生方法	360 元
12	淨化血液　強化血管	360 元
13	排除體內毒素	360 元
14	排除便秘困擾	360 元

15	維生素保健全書	360 元
16	腎臟病患者的治療與保健	360 元
17	肝病患者的治療與保健	360 元
18	糖尿病患者的治療與保健	360 元
19	高血壓患者的治療與保健	360 元
21	拒絕三高	360 元
22	給老爸老媽的保健全書	360 元
23	如何降低高血壓	360 元
24	如何治療糖尿病	360 元
25	如何降低膽固醇	360 元
26	人體器官使用說明書	360 元
27	這樣喝水最健康	360 元
28	輕鬆排毒方法	360 元
29	中醫養生手冊	360 元
30	孕婦手冊	360 元
31	育兒手冊	360 元
32	幾千年的中醫養生方法	360 元
33	免疫力提升全書	360 元
34	糖尿病治療全書	360 元
35	活到 120 歲的飲食方法	360 元
36	7 天克服便秘	360 元
37	爲長壽做準備	360 元

《幼兒培育叢書》

1	如何培育傑出子女	360 元
2	培育財富子女	360 元
3	如何激發孩子的學習潛能	360 元
4	鼓勵孩子	360 元
5	別溺愛孩子	360 元
6	孩子考第一名	360 元
7	父母要如何與孩子溝通	360 元
8	父母要如何培養孩子的好習慣	360 元
9	父母要如何激發孩子學習潛能	360 元
10	如何讓孩子變得堅強自信	360 元

《成功叢書》

1	猶太富翁經商智慧	360 元
2	致富鑽石法則	360 元
3	發現財富密碼	360 元

《企業傳記叢書》

1	零售巨人沃爾瑪	360 元
2	大型企業失敗啓示錄	360 元
3	企業併購始祖洛克菲勒	360 元
4	透視戴爾經營技巧	360 元
5	亞馬遜網路書店傳奇	360 元
6	動物智慧的企業競爭啓示	320 元
7	CEO 拯救企業	360 元
8	世界首富　宜家王國	360 元
9	航空巨人波音傳奇	360 元
10	傳媒併購大亨	360 元

《智慧叢書》

1	禪的智慧	360 元
2	生活禪	360 元
3	易經的智慧	360 元
4	禪的管理大智慧	360 元
5	改變命運的人生智慧	360 元
6	如何吸取中庸智慧	360 元
7	如何吸取老子智慧	360 元
8	如何吸取易經智慧	360 元

《DIY 叢書》

1	居家節約竅門 DIY	360 元
2	愛護汽車 DIY	360 元
3	現代居家風水 DIY	360 元
4	居家收納整理 DIY	360 元
5	廚房竅門 DIY	360 元
6	家庭裝修 DIY	360 元
7	省油大作戰	360 元

《傳銷叢書》

4	傳銷致富	360 元
5	傳銷培訓課程	360 元
7	快速建立傳銷團隊	360 元
9	如何運作傳銷分享會	360 元
10	頂尖傳銷術	360 元
11	傳銷話術的奧妙	360 元
12	現在輪到你成功	350 元
13	鑽石傳銷商培訓手冊	350 元
14	傳銷皇帝的激勵技巧	360 元
15	傳銷皇帝的溝通技巧	360 元
16	傳銷成功技巧（增訂三版）	360 元
17	傳銷領袖	360 元

《財務管理叢書》

1	如何編制部門年度預算	360 元
2	財務查帳技巧	360 元
3	財務經理手冊	360 元
4	財務診斷技巧	360 元
5	內部控制實務	360 元
6	財務管理制度化	360 元
7	現金爲王	360 元

《培訓叢書》

1	業務部門培訓遊戲	380 元
2	部門主管培訓遊戲	360 元
3	團隊合作培訓遊戲	360 元
4	領導人才培訓遊戲	360 元
5	企業培訓遊戲大全	360 元
8	提升領導力培訓遊戲	360 元
9	培訓部門經理操作手冊	360 元
10	專業培訓師操作手冊	360 元
11	培訓師的現場培訓技巧	360 元
12	培訓師的演講技巧	360 元
14	解決問題能力的培訓技巧	360 元
15	戶外培訓活動實施技巧	360 元
16	提升團隊精神的培訓遊戲	360 元
17	針對部門主管的培訓遊戲	360 元
18	培訓師手冊	360 元

爲方便讀者選購，本公司將一部分上述圖書又加以專門分類如下：

《企業制度叢書》

1	行銷管理制度化	360 元
2	財務管理制度化	360 元
3	人事管理制度化	360 元
4	總務管理制度化	360 元
5	生產管理制度化	360 元
6	企劃管理制度化	360 元

《主管叢書》

1	部門主管手冊	360 元
2	總經理行動手冊	360 元
3	營業經理行動手冊	360 元
4	生產主管操作手冊	380 元
5	店長操作手冊（增訂版）	360 元

6	財務經理手冊	360 元
7	人事經理操作手冊	360 元

《人事管理叢書》

1	人事管理制度化	360 元
2	人事經理操作手冊	360 元
3	員工招聘技巧	360 元
4	員工績效考核技巧	360 元
5	職位分析與工作設計	360 元
6	企業如何辭退員工	360 元
7	總務部門重點工作	360 元

《理財叢書》

1	巴菲特股票投資忠告	360 元
2	受益一生的投資理財	360 元
3	終身理財計畫	360 元
4	如何投資黃金	360 元
5	巴菲特投資必贏技巧	360 元
6	投資基金賺錢方法	360 元
7	索羅斯的基金投資必贏忠告	360 元
8	巴菲特爲何投資比亞迪	360 元

《網路行銷叢書》

1	網路商店創業手冊	360 元
2	網路商店管理手冊	360 元
3	網路行銷技巧	360 元
4	商業網站成功密碼	360 元
5	電子郵件成功技巧	360 元

CD 贈品

（企管培訓課程 CD 片）

(1)	解決客戶的購買抗拒
(2)	企業成功的方法（上）
(3)	企業成功的方法（下）
(4)	危機管理
(5)	口才訓練
(6)	行銷戰術（上）
(7)	行銷戰術（下）
(8)	會議管理
(9)	做一個成功管理者（上）
(10)	做一個成功管理者（下）
(11)	時間管理

註：感謝學員惠於提供資料。本欄 11 套 CD 贈品不定期增加，請詳看。讀者直接向出版社購買圖書 3 本，送 1 套 CD。買圖書 6 本，送 2 套 CD。買圖書 9 本，送 3 套 CD。買圖書 12 本以上，送 4 套 CD。購書時，請註明索取 CD 贈品種類。

當市場競爭激烈時：

培訓員工，強化員工競爭力是企業最佳對策

「人才」是企業最大的財富。如何提升人才，是企業永續經營、戰勝對手的核心競爭力。積極培訓公司內部員工，是經濟不景氣時期的最佳戰略，而最快速的具體作法，就是**「建立企業內部圖書館，鼓勵員工多閱讀、多進修專業書籍」**

建議您：請一次購足本公司所出版各種經營管理類圖書，作為貴公司內部員工培訓圖書。（使用率高的，準備多本；使用率低的，只準備一本。）

回饋讀者，免費贈送**《環球企業內幕報導》**電子報，請將你的 e-mail、姓名，告訴我們 huang2838@yahoo.com.tw 即可。

經營顧問叢書 ㉜ 售價：360 元

電子郵件成功技巧

西元二〇一〇年二月 初版一刷

編著：任賢旺

策劃：麥可國際出版有限公司（新加坡）

編輯：蕭玲

校對：焦俊華

發行人：黃憲仁

發行所：憲業企管顧問有限公司

電話：(02) 2762-2241 0930872873

臺北聯絡處：臺北郵政信箱第 36 之 1100 號

郵政劃撥：**18410591 憲業企管顧問有限公司**

大陸地區訂書，請撥打大陸手機：13243710873

登記證：行政業新聞局版台業字第 6380 號

ISBN：978-986-6421-44-0